François Saur

Géographie physique

LICENCE
GÉOGRAPHIE

puf Presses Universitaires de France

LICENCE

Droit

Économie

Géographie

Histoire

Langues

Lettres

Philo

Psycho

Socio

ISBN : 978-2-13-058983-9

Dépôt légal – 1re édition 2012, juillet

6, avenue Reille, 75014 Paris

SOMMAIRE

Deuxième partie - La lithosphère

TROISIÈME PARTIE - L'enveloppe vivante : la biosphère

QUATRIÈME PARTIE - Le géosystème

INTRODUCTION

La géographie a pour objet l'étude de l'espace terrestre, de la face de la Terre selon la belle expression de Philippe Pinchemel[1]. La géographie physique a pour objectif de décrire, comparer et expliquer les paysages du globe. Elle comprend différentes spécialités : l'hydrologie marine (fonctionnement et vie des océans), continentale (les fleuves et les lacs), la climatologie (fonctionnement de l'atmosphère et des climats), la géomorphologie (les formes du globe terrestre), la pédologie (les sols) et la biogéographie (le monde du vivant).

L'histoire de la géographie comme celle de toute science a connu des évolutions multiples parfois radicales. Les géographes ont longtemps privilégié une géomorphologie menaçant l'unité de la discipline « géographie physique ». Cette prépondérance s'accompagna d'un relatif oubli de l'homme et de sa place sur Terre, tout étant centré sur les formes du relief. Accusé de naturalisme, le géographe physicien fut contesté au sein de la discipline, et de nombreux géographes, influencés par les auteurs anglo-saxons, prônaient l'insertion de la géographie dans les sciences sociales. Cette évolution fut rapide et brutale. L'hégémonie de la géographie physique disparut et faillit même être éliminée. À tel point que celle-ci a été pratiquement supprimée des manuels scolaires du secondaire. Les bacheliers qui entrent à l'université n'ont plus les connaissances de base de cette discipline.

Cependant, sous l'influence d'un biogéographe, Georges Bertrand, et d'un géomorphologue, Jean Tricart, la géographie physique a en partie retrouvé sa place au sein de la géographie

1. Philippe Pinchemel (1923-2008). *La Face de la Terre*, qu'il écrit avec sa femme Geneviève, est un manifeste pour l'unité de la géographie.

entendue comme « science sociale ». Par leurs travaux, ces deux auteurs ont montré que la nature est partie prenante du social et que la géographie physique jouait un rôle important dans la société (voir les nombreux travaux de géographie appliquée de Tricart, analyse globale de Georges Bertrand avec le concept de géosystème*). Ce retour de la géographie physique au sein de la géographie « science sociale » s'est affirmé plus encore grâce à Yvette Veyret, pionnière dans l'analyse des risques encourus par les sociétés face aux catastrophes naturelles, dont la compréhension nécessite de solides bases de géographie physique.

Le livre que nous proposons est destiné aux étudiants de licence dont la grande majorité ignore tout de la géographie physique. Il se propose de donner les fondamentaux de cette discipline (notions, vocabulaire, processus élémentaires) en offrant des connaissances actualisées et en les rendant accessibles à des non spécialistes. Aussi la démarche choisie est-elle essentiellement analytique, même si chaque fin de chapitre présente une synthèse de l'objet étudié. L'idée centrale est de parvenir à la compréhension du milieu naturel dans son état observable (incluant donc l'action de l'homme) mais aussi dans son évolution passée et future, dans sa dynamique.

Le manuel se décompose en parties traitant de chaque composante de la Terre : la sphère liquide puis gazeuse, la lithosphère et enfin la biosphère*. Dans chaque chapitre, les encadrés sont des « zooms » qui font le point sur des aspects particuliers ou des définitions essentielles. La dernière partie, « Le géosystème », met en valeur les interactions des différentes composantes étudiées précédemment et souligne le rôle majeur de l'homme dans ce géosystème. Elle fait la synthèse de l'ouvrage et développe les implications de la confrontation entre nature et société, le tout ainsi formé s'avèrant supérieur aux parties : c'est l'homme qui donne toute sa valeur et son intérêt aux études de géographie physique. Notre souhait est que cette « initiation » donne l'envie et les moyens de découvrir et comprendre des ouvrages plus complets mais plus difficiles.

PREMIÈRE PARTIE

La planète Terre et ses enveloppes liquides et gazeuses

I. La planète Terre

❶ Généralités

La Terre est la plus grande des quatre planètes telluriques (c'est-à-dire solide, contrairement aux planètes gazeuses comme Jupiter) du système solaire[1]. Elle a également la plus grande densité, et le champ magnétique le plus puissant.

La Terre est entourée d'une enveloppe gazeuse (l'atmosphère*) et d'une enveloppe liquide discontinue (l'hydrosphère*). Elle présente la forme d'un ellipsoïde, car elle est légèrement aplatie aux pôles : la différence entre le rayon polaire et le rayon équatorial est de près de 22 km. Le périmètre équatorial est de 40 075,017 km. La surface du géoïde[2] est de 510 millions de km^2 et son volume de $1\,083 \times 10^{12}$ km^3.

a – La rotation de la Terre

La Terre tourne autour du soleil en 365 jours, 6 heures et 9 minutes. Elle se déplace selon une ellipse dont le plan est nommé le plan de l'écliptique. La Terre tourne sur elle-même d'est en ouest en 23 heures 56 minutes et 4 secondes selon un axe incliné de 23° 27′ sur le plan de l'écliptique. Cette obliquité détermine l'inversion des saisons entre les deux hémisphères.

Ceci entraine des variations considérables de l'ensoleillement en un point du globe et détermine les saisons. Deux fois par an, le 21 mars et le 23 septembre, le soleil se trouve dans le plan de l'équateur perpendiculaire à l'axe des pôles, et la durée du jour et

1. Les quatre planètes telluriques sont Mercure, Vénus, la Terre et Mars.
2. Géoïde : surface où la pesanteur est constante et qui passe par le niveau moyen des mers.

de la nuit est alors égale sur toute la surface du globe : c'est l'équinoxe. Le tropique du cancer au nord et le tropique du capricorne au sud (latitude 23° 27′) marquent le lieu où lors du solstice d'été (21 juin) le soleil est à la verticale (on dit qu'il est au zénith) pour l'hémisphère nord et pour l'hémisphère austral (le 21 décembre). Le soleil passe au zénith deux fois par an en tout lieu compris entre les tropiques. Les cercles polaires (66° 33′) marquent le lieu où une fois dans l'année (lors du solstice d'été) le jour dure 24 heures et lors du solstice d'hiver la nuit dure 24 heures.

Du fait de la rotation terrestre, l'heure est différente en chaque point du globe. Il a donc fallu construire un système de mesure universel du temps[1]. Le globe a été divisé en 24 fuseaux horaires de 15 chacun, soit 10 667 km à l'équateur. La référence est le méridien de Greenwich, référence adoptée au congrès de Washington en 1884.

b – Les coordonnées géographiques

Les coordonnées géographiques, la latitude et la longitude, permettent de se repérer sur Terre.

La latitude est une coordonnée géographique exprimée par une valeur angulaire qui varie entre 0° à l'équateur et 90° aux pôles, elle exprime la position d'un point à la surface de la Terre au nord ou au sud de l'équateur. Elle est représentée par la lettre L. Tous les points d'une même latitude sont situé sur une ligne faisant le tour du globe et appelée parallèle, il y en a 90 par hémisphère. On compte 5 parallèles remarquables : l'équateur, les deux tropiques, les deux cercles polaires.

La longitude est une coordonnée géographique exprimée par une valeur angulaire donnant la position Ouest ou Est d'un point sur le globe. La longitude de référence est le méridien de Greenwich noté 0°. Elle est représentée par la lettre G. Tous les points d'une même longitude sont sur une ligne reliant les pôles et recoupant l'équateur à angle droit, cette ligne est un méridien. On en compte 180 à l'ouest de Greenwich et 180 à l'est.

1. En 1675, le roi Charles II d'Angleterre fit construire l'observatoire de Greenwich, chargé d'établir une échelle de l'heure pour l'ensemble de la planète.

À l'équateur le rayon de la Terre est de 6 378,137 km. Les reliefs qui l'occupent sont minimes par rapport à ce rayon : le sommet de l'Everest, montagne la plus haute du globe, atteint 8 848 mètres alors que la fosse des îles Mariannes (nord-ouest du Pacifique), qui est la plus profonde, est de 11 035 mètres. L'amplitude est de 19 882 mètres soit environ 1/300 du rayon terrestre. Les reliefs de la Terre sont comparables aux aspérités qui accidentent la surface d'une orange !

L'altitude moyenne des continents est de 840 mètres alors que la profondeur moyenne des océans est de - 3 800 mètres. La répartition des terres et des mers est profondément inégale : les océans occupent 71 % de la surface terrestre, il y a 2,45 fois plus de mer que de terre. Ceci a valu à la Terre son surnom de planète bleue. Les deux hémisphères sont très inégaux : l'hémisphère boréal comprend les deux tiers des terres émergées alors que 80 % de l'hémisphère austral est océanique. Il possède le seul océan circumterrestre.

2 La structure du globe terrestre

a – Caractère général

La structure interne de la Terre est connue grâce à des observations directes qui proviennent :

– des forages profonds, tant sur terre (jusqu'à 12 000 mètres profondeur dans la presqu'île de Kola en Russie) qu'en mer (près de - 3 000 mètres sous le plancher océanique) ;

– des éruptions volcaniques, qui projettent à la surface du globe des roches issues des profondeurs (de 20 à 100 km) ;

– des plissements montagneux qui ont amené des roches en surface.

Cependant l'essentiel de nos connaissances provient d'observations indirectes : propagation des ondes sismiques, variations de la gravité, du champ magnétique.

De ces analyses complexes qui sont intégrées dans des modèles physiques, nous retiendrons les quelques notions qui suivent.

La *chaleur* augmente avec la profondeur, en moyenne de 1 °C tous les 30 mètres, c'est le gradient géothermique. Il varie selon les régions : très fort dans les zones volcaniques, faibles dans les régions stables.

Le *champ magnétique terrestre* est lié à la rotation de la planète et le pôle magnétique est lié au pôle de rotation, même s'il est décalé par rapport à lui. C'est le nord indiqué par les boussoles. L'écart angulaire entre le nord magnétique et le nord géographique s'appelle la déclinaison magnétique. Les cartes IGN indiquent le nord géographique, et montrent dans un petit carton à gauche la valeur de la déclinaison pour une année donnée. Le pôle magnétique se déplace en permanence (environ de 0°8 par an).

Les *roches* qui contiennent des minéraux ferromagnétiques acquièrent une aimantation forte et la gardent en mémoire (rémanence). Les roches volcaniques acquièrent cette rémanence lors de leur refroidissement, et le champ magnétique de l'époque se trouve alors fixé. Cette particularité a joué et joue encore un grand rôle dans la connaissance de la Terre et de son évolution (étude du paléomagnétisme).

La *pesanteur* est l'attraction apparente de tout corps par la Terre. Elle retient l'enveloppe atmosphérique qui rend la vie possible sur Terre. Elle est due à la gravité (loi de Newton[1]) et à la force liée à la rotation de la planète. L'observation d'anomalies de gravimétrie a entrainé la formulation de la théorie de l'isostasie pour expliquer la compensation en profondeur des reliefs superficiels. Il s'agit de l'application du principe d'Archimède[2].

b – Composition chimique et propriétés physiques du globe

La structure de la Terre peut être divisée schématiquement en trois enveloppes de densité et d'épaisseur différente.

1. La deuxième loi de Newton : deux masses s'attirent avec une force proportionnelle aux masses et inversement proportionnelle au carré de la distance.
2. Tout corps plongé dans un fluide reçoit de la part de celui-ci une poussée verticale, dirigée de bas en haut, égale au poids du volume de fluide déplacé.

L'*enveloppe superficielle* est rigide, peu épaisse, de 8 à 40 km, soit moins de 1 % du volume et de la masse de la Terre. Elle comprend deux formations de nature différente :

– la croûte continentale, épaisse de 35 km en moyenne, et dont la densité est de 2,7 [1]. Sa composition est proche du granit (voir le chapitre I de la deuxième partie) ;

– la croûte océanique est beaucoup plus mince (7 km en moyenne) et beaucoup plus homogène. Sa densité est de 3 et sa composition est proche d'un basalte.

Le *manteau* séparé de la croûte par une discontinuité, « le Moho », représente 83 % du volume de la Terre et 67 % de sa masse. Son rayon est d'environ 2 900 km. Sa température et sa densité augmentent avec la profondeur, ce qui permet de reconnaître trois niveaux qui réagissent différemment :

– le manteau supérieur est rigide, solidaire de la croûte avec laquelle il constitue la lithosphère ;

– le manteau intermédiaire, sur 200 km d'épaisseur, est une couche plus plastique animée de lents mouvements de convection. C'est l'asthénosphère, niveau où s'établit l'équilibre isostatique ;

– le manteau profond est la mésosphère, de composition très basique (voir deuxième partie, chapitre I) ; il est rigide et épais d'environ 2 600 km.

Vers 2 900 km de profondeur, le *noyau* est séparé du manteau par la discontinuité de Gutenberg. Le noyau est formé de deux enveloppes :

– le noyau externe connaît un fort gradient thermique. Il est liquide et constitué d'un alliage de fer et de nickel. Sa densité est comprise entre 10 et 12. Il est animé de mouvements de convection qui sont à l'origine du champ magnétique terrestre ;

– le noyau interne, ou graine, est de composition et de densité identique, mais il est solide. Son rayon est de 3 500 km.

Le plus important pour la compréhension des reliefs terrestres est la rupture de nature entre la lithosphère rigide et l'asthénosphère dont la partie supérieure est visqueuse.

1. La densité est un nombre sans dimension égal au rapport d'une masse d'une substance homogène à la masse du même volume d'eau pure à la température de 3,98 °C. Par définition la densité de l'eau pure est égale à 1.

La lithosphère rigide et cassante est en effet divisée en grandes unités (plusieurs milliers de km^2) appelées plaques. Elles effectuent des déplacements horizontaux dus aux mouvements de convection qui animent l'asthénosphère.

3 La théorie de la tectonique des plaques ou tectonique globale

Dès 1912, le météorologiste allemand Alfred Wegener, s'appuyant sur des arguments topographiques (similitude des formes entre les côtes orientales d'Amérique du Sud et les côtes occidentales d'Afrique), paléontologiques (similitude des faunes et des flores sur tous les continents jusqu'à l'ère secondaire), géologiques (dépôts glaciaires en Amérique du Sud et en Australie datant de la fin du primaire), avait énoncé la théorie de la dérive des continents. Il y a 300 millions d'années aurait existé un seul continent, la Pangée, qui se serait ensuite fracturée, formant les continent actuels. Ceux-ci, formés d'un matériau léger (le sial : silice + alumine) dériveraient sur le matériau plus lourd (le sima : silice + magnésium) formant le fond des océans. Mais il ne put jamais trouver le moteur qui aurait permis d'expliquer ces déplacements gigantesques, et la théorie fut abandonnée, tombant dans l'oubli.

Les progrès technologiques, l'exploration des océans, et de nouvelles mesures de datation mises au point dans la deuxième moitié du xxe siècle permirent l'élaboration d'une théorie de l'expansion des fonds océaniques dès 1962 (H. Hesse) et 1963 (F. Vine et D. Matthews). En 1968, fut formulée la théorie des plaques (Xavier Le Pichon ; W. J. Morgan).

a – La tectonique* des plaques

La partie superficielle de la Terre est divisée en plaques rigides d'une centaine de kilomètres d'épaisseur. On en compte 10 principales : pacifique, nord et sud-américaines, eurasiatique, africaine, indo-australienne, antarctique et, plus petites, les plaques de Juan de Fuca, Nazca et Cocos, Caraïbes. À la différence de ce que pensait Wegener, ces plaques incluent autant les continents que les océans et se déplacent sur l'asthénosphère. Ce sont des zones stables délimitées par des zones géologiquement très actives (séismes et volcans).

L'asthénosphère est animée de vastes mouvements de convection dus à la production de chaleur interne (le gradient thermique de la Terre est le moteur que Wegener n'avait pas découvert). Cette chaleur est produite par le refroidissement résiduel de la Terre et la radioactivité de certains corps, uranium, potassium, thorium.

Le matériel chaud monte de la base de l'asthénosphère vers le sommet, créant ainsi la branche ascendante de la cellule de convection. Cette remontée se traduit par des montagnes sous-marines. Ces rides médio-océaniques s'étendent sur près de 60 000 km et existent dans tous les océans, soit au centre (cas de l'Atlantique), soit sur leurs marges (Pacifique, océan Indien). Elles sont le lieu de la production de magma.

Comme la circonférence de la Terre reste stable, ce matériel, en excès, doit disparaître. C'est le fait de la branche descendante de la cellule de convection : le matériel produit étant moins profond qu'au départ, il se refroidit, s'alourdit et plonge dans les profondeurs de l'asthénosphère, au niveau des grandes fosses océaniques. On a souvent comparé le fonctionnement de cette cellule à celui d'un tapis roulant.

Ainsi, seuls les océans jouent un rôle dynamique dans ce système alors que les continents sont passifs. C'est pourquoi les plus vieilles roches existantes ont toutes été prélevées sur les continents, alors que les océans, constamment en renouvellement, sont « jeunes » : on n'y a relevé aucune roche vieille de plus de 180 m d'années.

b – Les frontières entre les plaques

Il existe trois sortes de frontières entre les plaques : les zones d'accrétion (formation de croûte océanique), les failles transformantes et les zones de subduction (plongement de la croûte océanique).

- **Les zones d'accrétion[1] : les dorsales***

L'asthénosphère remonte au niveau des dorsales océaniques. C'est le lieu de fabrication de la croûte océanique avec épanchement de lave. Il y a accrétion de matière et écartement du plancher de l'océan (c'est une zone de divergence entre les plaques), les laves se répandant de part et d'autre de la dorsale.

La topographie de ces montagnes sous-marines est désormais bien connue grâce aux sondages et aux plongées de sous-marins d'observations. Elles s'élèvent de 1 000 à 2 500 mètres au-dessus du fond de l'océan et peuvent dépasser 500 km de large. Il existe deux types de dorsales :

– les dorsales de type atlantique, qui présentent une vallée centrale, « le rift », et sont caractéristiques des océans connaissant une expansion lente (< 4 cm/an) ;

– les dorsales de type pacifique, qui présentent un dôme surélevé et traduisent une expansion rapide (> 6 cm/an et jusqu'à 15 cm/an).

Ces dorsales offrent de nombreuses sources hydrothermales : les fumeurs noirs, qui rejettent une eau dépassant 300 °C, et les fumeurs blancs, qui rejettent une eau à 200 °C. Cet hydrothermalisme résulte de la pénétration de l'eau de mer dans les fractures des dorsales actives. Ces sources permettent le développement de la vie sans que la photosynthèse* intervienne[2].

La production de magma au niveau des dorsales représente 80 % de la production mondiale. Le refroidissement rapide du magma ainsi expulsé, au contact de l'eau de mer, leur donne une forme en coussin (le *pillow lava* des Anglo-Saxons). En s'éloignant de la dorsale, la lithosphère océanique se refroidit, elle s'alourdit et s'enfonce de plus en plus, accentuant la profondeur du lit océanique.

La chaleur n'est pas totalement évacuée par la convection

1. En astrophysique, géologie et météorologie, ce terme désigne la constitution et l'accroissement d'un corps.
2. La photosynthèse : processus biochimique qui permet aux plantes, grâce à l'énergie apportée par le soleil, de transformer l'eau et le CO_2 en matière organique.

dans le manteau. Il existe ainsi des remontées de chaleur au milieu des plaques, appelées « points chauds ». Selon certaines théories, ils seraient fixes et localisés à grande profondeur. On les trouve sous les plaques océaniques : l'archipel d'Hawaï serait ainsi le produit d'un point chaud. Il en existe aussi sous les continents : par exemple, les immenses dépôts de lave dans le Deccan indien seraient des épanchements dus au passage de la plaque indienne au-dessus d'un point chaud.

• Les failles transformantes

Elles constituent parfois la frontière entre deux plaques, mais le plus souvent, elles segmentent les dorsales. Ce sont de grandes fractures contemporaines de la formation de la dorsale. Elles ne connaissent ni apport ni absorption de matière. Leur tracé est parallèle au déplacement des plaques. Elles relient parfois les dorsales aux zones de subduction. L'exemple le plus célèbre de faille transformante est la faille de San Andreas qui se développe sur la côte sud-ouest des États-Unis et qui relie deux portions de la dorsale de l'est Pacifique.

• Les zones de convergence

La disparition de la lithosphère se fait au niveau des fosses océaniques qui marquent les limites de convergence* entre deux plaques lithosphériques : c'est la subduction, c'est-à-dire la plongée d'une plaque de lithosphère océanique sous une autre plaque, jusqu'à une profondeur de 700 km, au-delà de laquelle elle est recyclée dans le manteau. Cette plongée est accompagnée de phénomènes géodynamiques remarquables : forte activité sismique jusqu'à une grande profondeur, tous les foyers intermédiaires (300 km) et profonds (jusqu'à 700 km) sont liés à la subduction. La surface où se localisent ces foyers sismiques est appelée plan de Benioff.

On distingue trois types de collisions :

– la *collision océan-continent* : la croûte océanique, plus dense, plonge sous la croûte continentale. La compression continentale se traduit par une chaîne de montagne dite laminaire, dont le type est la cordillère des Andes. Les volcans sont nombreux, explosifs et témoignent de l'intensité de l'activité magmatique ;

– on parle d'*obduction* lorsqu'il se produit un blocage de la subduction qui se traduit par le chevauchement de la plaque continentale, plus légère, par la plaque océanique, plus dense. Ce dispositif anormal crée une structure très complexe, qu'on observe par exemple dans les montagnes d'Arabie (Oman) ;

– la *collision entre deux continents* : ce type de collision suppose toujours la disparition d'un domaine intermédiaire océanique et un fort raccourcissement de la croûte (collision entre l'Afrique et le continent eurasiatique, responsable de la surrection des Alpes ; la rencontre entre l'Inde et le continent oriental eurasiatique, à l'origine de l'Himalaya).

Les déplacements horizontaux des plaques entraînent également des mouvements verticaux de grande ampleur (Alpes, Himalaya, chaîne andine).

Conclusion

La tectonique des plaques propose une explication rationnelle de la formation des montagnes, de l'âge récent des fonds océaniques et une bonne compréhension de la répartition de la flore à la surface du globe, ainsi que des paléoclimats. C'est en cela que l'on parle d'une théorie tectonique globale. Elle permet de mieux comprendre la répartition du globe en deux grands domaines :

– les zones stables et leurs marges passives* correspondent aux zones de divergence. Ainsi, de part et d'autre de l'Atlantique, la côte est des États-Unis et la côte occidentale européenne sont des régions de calme tectonique ;

– les zones de collision sont les marges actives* dont les rives du Pacifique sont le meilleur exemple. Là se trouvent les risques majeurs : volcanisme des rives asiatiques ou ouest américaines et séismes les plus destructeurs.

Bibliographie

TROMPETTE Rolland, *La Terre, une planète singulière*, Paris, Belin, « Bibliothèque scientifique », 2005.

II. Les océans et les mers

Depuis les années 1970, la connaissance des océans progresse rapidement grâce à trois technologies : les sondeurs multifaisceaux permettent une cartographie précise du relief sous-marin, les plongées en submersibles : l'observation directe et des prélèvements, l'imagerie satellitale : une observation continue des océans.

Les océans, avec une superficie de 360 millions de km², représentent 71 % de la surface du globe. Ils occupent de façon très inégale la surface de la Terre : 80 % de la superficie de l'hémisphère sud est marin contre seulement 60 % de l'hémisphère nord. Les trois grands océans : Pacifique (180 millions de km²), Atlantique (106 millions de km²) et Indien (75 millions de km²) communiquent avec l'océan Austral, le seul à faire le tour de la Terre sans rencontrer d'obstacle. L'océan Arctique (12 millions de km²) est en communication avec l'océan Atlantique, il y a donc continuité de la masse océanique : on parle d'un océan global. Cette enveloppe liquide du globe terrestre joue un rôle dynamique, géologique et humain essentiel.

Rôle dynamique : l'interface avec l'autre enveloppe fluide et gazeuse, l'atmosphère, est le lieu d'échanges complexes et primordiaux. Les océans sont le moteur essentiel du cycle de l'eau*, le réservoir fondamental concentrant 97,5 % de l'eau liquide. Ils représentent 300 fois la masse de l'atmosphère et leur capacité de stockage de la chaleur est 1 300 fois plus élevée. Ils constituent la principale source de dioxygène de l'atmosphère et le plus grand réservoir de dioxyde de carbone de la planète.

Rôle géologique : là où le plancton est abondant, l'océan devient un « réservoir à carbone », absorbant le CO_2 atmosphérique et l'isolant dans des débris organiques qui seront finalement « stockés » dans les sédiments* du fond sous-marin. C'est le niveau de base* de la planète, là ou aboutissent les fleuves et les sédiments arrachés par l'érosion.

Rôle pour les activités humaines: les ressources sont abondantes ; ressources halieutiques[1], ressources minérales (en particulier les hydrocarbures, dont plus de 50 % de la production mondiale est sous-marine), mais aussi graviers, sable et à grande profondeur nodules polymétalliques.

1 La géomorphologie des océans : les reliefs sous-marins

Les océans sont de vastes étendues d'eau séparant les continents avec des prolongements que l'on nomme les mers. Leur définition est plus délicate car le nom désigne des entités très différentes, tant par leur localisation géographique que par leur hydrologie et/ou leur origine (encadré n° 1). Mais elles ont toutes un point commun : elles sont en communication avec l'océan. Sinon ce sont des lacs.

ENCADRÉ N° 1

Diversité des mers

Une mer épicontinentale est une mer peu profonde dont l'origine est l'ennoiement d'une partie du continent lors de la fonte des glaciers, il y a moins de 10 000 ans (ainsi la Manche)[2]. Une mer intérieure n'entre en communication avec l'océan que par une autre mer ou par un détroit resserré (mer Noire, mer Baltique). Les Méditerranées sont des mers enserrées entre des continents et souvent séparées de l'océan par des seuils (Méditerranée eurafricaine). Une mer séparant un arc insulaire du continent est une mer marginale (la mer du Japon).

La profondeur moyenne des océans est de 3 800 mètres alors que l'altitude moyenne des continents n'est que de 840 mètres. La profondeur moyenne des océans ne représente que 1/1 675

1. Halieutique : qui concerne la pêche.
2. Ennoiement : recouvrement d'une région continentale par la mer.

du rayon du globe. Les océans ne forment qu'une mince pellicule de l'écorce terrestre.

Les reliefs sous-marins sont l'expression de la tectonique des plaques : ils signent la déchirure continentale et sont à différents stades (océan naissant comme la mer Rouge ou océan finissant comme l'Atlantique), les dynamiques sont donc très différentes.

Leurs topographies se divisent en quatre grands domaines : les marges continentales (nommées parfois précontinent), les plaines abyssales, les dorsales océaniques (ou rides médio-océaniques) et les fosses sous-marines.

a – La marge continentale

En fonction de l'activité tectonique, on distingue les marges actives des marges passives. Une marge passive* est le domaine de transition entre continent et océan, dépourvu de manifestation actuelle d'activité sismique ou volcanique, ce qui l'oppose à la marge active* où se produit la subduction entre la croûte océanique et la croûte continentale, qui entraîne séismes et volcanismes.

La marge continentale (active ou passive) comprend la plate-forme continentale et la pente continentale qui la relie à la plaine abyssale.

La *plate-forme continentale* est le domaine qui entoure les continents depuis le niveau des plus basses mers jusqu'à une nette rupture de pente. La profondeur moyenne de ce rebord est compris entre 130 et 180 mètres, mais peut parfois être beaucoup plus profond (400 mètres au large de la Norvège par exemple). Classiquement, on admet de façon un peu arbitraire la profondeur de 200 mètres comme limite de la plate-forme. Dans ces conditions, les plates-formes couvrent une superficie de 30 millions de km^2, soit 5,7 % de la surface du globe et 7,4 % des surfaces océaniques. La largeur des plates-formes est inversement proportionnelle à l'énergie des reliefs qu'elles bordent. Une plate-forme d'une marge passive peut atteindre 200 kilomètres de large, parfois beaucoup plus (plus de 1 000 km en Argentine ou en Sibérie orientale par ex.) alors que celle d'une marge active (océan Pacifique par ex.) est comprise entre 10 et 30 kilomètres.

De pente très faible (entre 0,7 et 1,5 mètre par kilomètre), ce très vaste domaine offre une grande diversité de reliefs d'origine aérienne (tracés de vallées, dépôts glaciaires) issus des périodes de glaciation du Pléistocène et de l'abaissement concomitant du niveau des mers. La sédimentation est surtout terrigène (dépôt de sables, graviers, vases, galets provenant du continent) mais les dépôts organogènes (provenant des débris d'organismes morts) ne sont pas exclus.

Le *talus continental* (ou pente continentale) part du rebord de la plateforme continentale pour rejoindre les fonds vers 3 000 mètres de profondeur. C'est le versant le plus long du monde (15,3 % de la surface des fonds marin). Il est fortement incliné, de l'ordre de 5 à 6 % avec parfois des raidissements pouvant atteindre 40 %. Au pied du talus, la pente s'adoucit pour former un glacis qui atteint les plaines abyssales par 5 000 mètres de fond en moyenne. Il est fortement incisé par des vallées sous-marines : les canyons.

Les canyons sous-marins sont des vallées encaissées qui entaillent profondément le talus continental, depuis le sommet de la pente (ou même parfois depuis la plate-forme comme c'est le cas du gouf breton, golfe de Gascogne) jusqu'au glacis. Ils sont d'origine variée. Ainsi les canyons méditerranéens ont été creusés à l'air libre, puis ennoyés. Mais la grande majorité d'entre eux sont des formes d'érosion sous-marine. Ils sont dus aux creusements des courants de turbidité [1], aux ravinements et aux éboulements de parois, ou encore aux écroulements de vase liquide. Ils alimentent en sédiments terrigènes les glacis et les vastes deltas sous-marins des plaines abyssales.

b – La plaine abyssale

Son relief est d'une grande monotonie et d'une platitude extrême. Sa pente vers le large est infime (0,1 %), de dimension

1. Le courant de turbidité est un courant de densité qui se déplace au sein d'un fluide moins dense. Sa vitesse peut être très forte. Sa densité provient de sa charge en particules sédimentaires. Sa vitesse est considérable : de 20 à 30 m s^{-1} soit près de trois fois la vitesse d'un torrent de montagne.

comprise entre la centaine et le millier de km². Elle est généralement située vers 4 000/5 000 mètres de profondeur (celle-ci varie entre 2 500 et 6 000 mètres). Cette plaine prend place entre les masses continentales et les dorsales océaniques, au pied de la pente continentale. Elle recouvre plus des trois quarts de la superficie des océans (en englobant les reliefs qui les accidentent). Elle est formée par la croûte océanique, accrétion due aux dorsales[1]. Son âge n'est jamais supérieur à 200 millions d'années. Cette plaine est recouverte par des sédiments apportés par les courants de turbidité et par des boues organiques ou minérales. À partir de 4 000 mètres de profondeur n'existe plus que l'argile des grands fonds (ainsi les boues rouges), car les carbonates sont totalement dissouts par les eaux froides à haute pression.

Ces plaines sont parfois accidentées de vigoureux reliefs. En dehors des dorsales (chaînes de montagnes sous-marines), on rencontre des volcans actifs ou émergés (comme les îles Hawaï) qui correspondent à des points chauds (voir chapitre I). On rencontre également des montagnes à sommet tronqué, nommé les guyots. Ils sont particulièrement nombreux dans le pacifique mais on les trouve dans tous les océans. Longtemps énigmatiques, ils sont considérés comme des volcans n'ayant pas atteint la surface ou comme d'anciens volcans érodés et affaissés. Dans les parties chaudes des océans, ils sont souvent porteurs de colonies coralliennes.

Les plaines abyssales qui jouxtent les marges actives présentent souvent des reliefs plus nombreux et une topographie moins plane que celles des marges passives. Elles se caractérisent par la présence de fosses sous-marines qui les séparent de la marge continentale.

c – Les fosses sous-marines

Les fosses sous-marines sont les domaines les plus profonds des océans (0,1 % de la surface des fonds marins). On en compte 23 qui dépassent 7 000 mètres de profondeur. Elles sont toujours

1. Le magma qui jaillit des dorsales crée la croûte océanique, on dit qu'il y a accrétion.

localisées à proximité des continents et des guirlandes insulaires disposées parallèlement à eux. Elles sont les plus nombreuses dans le Pacifique (18). On n'en trouve que deux dans l'océan Atlantique (fosse des Caïmans, fosse de Porto Rico) et une dans l'océan Indien (la fosse de Java). Beaucoup plus longues (de 400 à 4 000 km) que larges (de 40 à 120 km), elles présentent une forme en V avec une pente forte (entre 7° et 15°, parfois beaucoup plus comme la fosse de Tonga). Elles sont le lieu de la subduction et de nombreux séismes[1]. Les sédiments qui recouvrent le fond des fosses, entraînés par le mouvement de la croûte océanique, sont enfouis en profondeur mais certains s'empilent sur le rebord de la fosse. Ils forment alors des écailles sédimentaires appelées prismes d'accrétion.

d – Les dorsales océaniques

Elles forment la plus grande chaîne de montagnes du monde : plus de 60 000 km de long pour 1 500 à 2 000 km de large, soit 33 % de la superficie des océans. Elles se déploient le plus souvent au centre des océans (d'où le nom de rides médio-océaniques), mais dans le Pacifique, la ride est excentrée. Entièrement volcaniques, les dorsales émergent parfois, formant des îles : dans l'Atlantique Nord (Jan Mayen à la limite de l'Atlantique et de l'Arctique, Islande, Açores), dans l'Atlantique Sud (Ascension, Tristan da Cunha, Bouvet), dans l'océan Indien (Saint-Paul).

Les dorsales dominent de leurs flancs raides le plancher océanique de 1 500 à 2 500 mètres. Selon la topographie de leur zone axiale, on en distingue deux types.

Les dorsales entaillées par une vallée longitudinale appelée rift sont larges de 10 à 50 km et profondes de 500 à 1 500 mètres. Là se produisent les éruptions volcaniques et se forme la croûte océanique. Les rifts sont caractéristiques des dorsales lentes (écartement de 2 $cm.an^{-1}$).

Les dorsales qui ne possèdent pas de rift présentent un bombement médian. Ce sont des dorsales dites rapides avec des

1. La subduction est le processus d'enfoncement d'une plaque tectonique dans le manteau.

taux d'expansion de 8 à 10 cm.an^{-1}. Elles comportent de nombreuses sources hydrothermales et des fumeurs noirs[1]. Ces sources hydrothermales donnent naissance à une vie intense.

Les dorsales sont très fréquemment segmentées par de grands accidents transversaux : les failles transformantes. Aussi leur tracé présente des décalages importants. Parfois les dorsales sont accompagnées de ramifications latérales qui divisent les plaines abyssales en vastes bassins. Ces accidents forment des passages obligés pour les courants de fonds et jouent un rôle important dans l'hydrologie des océans.

2 L'eau de mer

a – La chimie de l'eau de mer

• Le pH

Le pH[2] de la mer est légèrement alcalin, il varie entre 7,5 et 8,4. C'est un bon indicateur de la valeur de dioxyde de carbone dissous. Les variations sont plus fortes à proximité des côtes qu'en pleine mer. Il est légèrement plus alcalin dans les eaux profondes (de quelques dixièmes).

La chimie de l'eau de mer s'analyse à partir de trois éléments : la salinité, les gaz présents, en particulier le carbone, et les particules.

• La salinité

L'eau de mer est remarquable par la relative constance des proportions de ses constituants. Cette propriété est connue sous le nom de loi de Dittmar[3]. Plus de soixante-dix éléments ont été

1. Geysers sous-marins d'où sourdent les eaux du manteau qui passent dans les eaux de l'océan ; la couleur noire est due aux sels de manganèse qu'elles contiennent.
2. Le pH indique la concentration en ions hydrogènes d'un milieu, il est neutre à 7, acide en dessous et alcalin au-dessus de 7.
3. William Dittmar (1859-1951), chimiste allemand qui a participé à la croisière du *Challenger*, première grande exploration océanographique.

jusqu'à présent reconnus. Le chlorure de sodium représente 77,8 %, le chlorure de magnésium 9,7 % et le sulfate de magnésium 2 % de la masse des sels d'eau de mer. L'expression de la salinité, longtemps exprimée en gramme par litre, l'est aujourd'hui par un nombre sans unité : l'ups (unité pratique de salinité). Elle est comprise entre 33 et 38. Les causes principales de variation de la salinité sont dues soit à la dilution (apport d'eau douce par les pluies et les fleuves), soit à la concentration des sels provoqués par l'évaporation.

Les eaux profondes ont une salinité constante comprise entre 34,7 et 34,9. La salinité de surface varie entre 33 et 38. Sa répartition est zonale : elle croît des pôles aux tropiques puis décroît aux latitudes équatoriales. Les variations dans les mers peuvent être beaucoup plus fortes (de 20 en mer Baltique à 40 en mer Rouge). La salinité modifie la température du point de congélation qui, pour un ups de 35, est de - 1,7 °C.

L'origine de la salinité de la mer est longtemps restée mystérieuse et a fait l'objet de longs débats. Aujourd'hui, il est établi que cette salinité est originelle. L'atmosphère et les océans sont apparus il y a environ 100 millions d'années, après la formation de la Terre. Lors de la différenciation entre le manteau et la croûte, le dégazage du manteau a entraîné l'émission de vapeur d'eau. Celle-ci a constitué l'atmosphère et les océans.

- **Les gaz**

Les gaz dissous comprennent principalement 64 % d'azote, 34 % de dioxygène et 1,8 % de dioxyde de carbone (soit 60 fois la proportion de ce gaz dans l'atmosphère terrestre). L'océan est ainsi le plus grand régulateur de dioxyde de carbone de l'atmosphère. Il fonctionne comme une pompe. Cette action mobilise deux processus différents, la pompe thermodynamique et la pompe biologique.

La pompe thermodynamique : quand la température de l'eau diminue, la solubilité du CO_2 augmente. Le vent joue aussi un rôle : plus il est violent, plus l'échange de CO_2 entre les eaux de surface et l'atmosphère est accéléré. L'hiver, les eaux tropicales entraînées vers les hautes latitudes absorbent de fortes quantités de CO_2.

La pompe biologique : le phytoplancton[1] et l'écosystème[2] qui s'en nourrit consomment, par le biais de la photosynthèse, du carbone minéral et le transforment en carbone organique. Les détritus s'enfoncent dans les profondeurs océaniques et ainsi la pompe biologique transfère du dioxyde de carbone des eaux superficielles vers les eaux profondes.

L'océan est donc capable d'emmagasiner de grandes quantités de carbone et de le mettre à l'abri de tout contact avec l'atmosphère pour des périodes de plusieurs siècles, et même beaucoup plus (sur l'échelle des temps géologiques) quand ces débris sont enfouis dans les sédiments.

- **Les particules**

Les particules marines représentent environ 10^{10} tonnes de matière solide dans l'océan, soit 10 à 20 milligrammes de particules par tonne d'eau. Une telle quantité, si faible soit-elle, joue un rôle important dans la chimie de l'océan.

Leur origine est double, externe ou interne.

Externe : elles proviennent des continents par le biais de l'érosion et sont transportées par les fleuves, les vents, la pluie. Ces particules sont soit naturelles, soit anthropiques. On en compte 16 milliards de tonnes par an.

Interne : c'est le résultat de l'activité biologique marine. La chaîne alimentaire produit de la matière et donc des particules. La quantité de particules carbonées entraînées de la surface vers les abysses est estimée à deux milliards de tonnes par an. La production biologique dépendant essentiellement de la circulation océanique, certaines zones sont plus riches que d'autres (les lieux de remontées d'eaux froides, voir *infra*).

1. Le phytoplancton est composé d'organismes minuscules qui sont à la base de toute la chaîne alimentaire. Le phytoplancton comprend les organismes autotrophes du plancton. L'autotrophie est la capacité des plantes à produire de la matière organique à partir de matière minérale.
2. L'écosystème est l'ensemble d'une communauté d'êtres vivants et son environnement (hydrologique, climatique, etc.).

b – Propriétés physiques de l'eau de mer

• La température

La température des eaux marines provient pour 99 % de l'énergie solaire, le 1 % restant étant fourni par le rayonnement de la chaleur interne de la Terre. Le bilan radiatif (différence entre la part du rayonnement solaire incident absorbé par la Terre et son atmosphère, et le rayonnement thermique réémis par cet ensemble vers l'espace) est très positif, car l'océan absorbe une grande partie du flux radiatif incident (celui qui vient du soleil) et n'en renvoie qu'une faible part, essentiellement dans les grandes longueurs d'ondes (infrarouges). Les eaux étant perpétuellement agitées, la chaleur est emmagasinée sur une grande profondeur (au moins une cinquantaine de mètres). L'océan stocke ainsi 70 % de l'énergie venue du soleil et la restitue à l'atmosphère principalement sous forme de chaleur latente[1]. Ceci lui confère un rôle fondamental dans le cycle de l'eau* et dans le climat* (chapitres III et IV).

La température moyenne des océans est de 4 °C, ce qui s'explique par l'énormité du volume des eaux profondes (au-delà de 1 000 mètres) : la température décroît rapidement avec la profondeur.

Les températures de surface présentent une répartition zonale : des pôles aux basses latitudes, elles varient de - 2 °C à + 30 °C. Aux hautes latitudes, l'étendue de mer gelée (la banquise) est source d'une très forte déperdition du flux solaire. La faiblesse de la couverture nuageuse aux tropiques explique un échauffement maximal.

Cette répartition est perturbée par les courants et la forme des bassins. À latitude égale, la dérive nord atlantique réchauffe les eaux européennes de + 4 °C par rapport aux eaux américaines.

Les variations diurnes et saisonnières des températures de

1. On appelle chaleur latente l'énergie échangée lors d'un changement de phase d'un corps pur. Dans le système climatique, il s'agit toujours des changements d'états de l'eau.

surface sont très faibles (moins de 2 °C pour les écarts diurnes et moins de 10 °C pour les écarts saisonniers aux latitudes tempérées). Cette faiblesse des variations confère à l'océan son rôle de régulateur thermique de la planète.

La température diminue régulièrement avec la profondeur pour se stabiliser entre 0 °C et - 1,9 °C vers 3 000 mètres. À grande profondeur, les températures sont légèrement plus élevées (+ 2,5 °C dans la fosse des Mariannes), ce qui traduit l'influence du rayonnement interne du globe terrestre. Cette variation des températures en fonction de la profondeur crée une stratification des eaux marines et différencie les masses d'eau les unes des autres.

• La couleur de la mer

L'eau arrête la pénétration de la lumière inégalement selon les longueurs d'ondes. Les ondes longues (infrarouges) sont les premières stoppées : le rouge dès les premiers mètres, puis l'orange. Les ondes courtes, dont le bleu, sont celles qui pénètrent le plus profondément. À partir de 500 mètres commence le domaine du noir absolu.

La mer reflète la lumière incidente, les rayons les moins absorbés, tel le bleu qui donne la couleur de la mer. La présence de particules terrigènes et organiques lui confèrent une coloration différente (verte près des côtes). Le bleu est la couleur des mers biologiquement désertes (Guilcher).

• La densité de l'eau de mer

La densité de l'eau de mer est fonction de trois variables : la salinité, la température et la pression.

En surface elle est d'environ 1,026. Elle augmente avec la salinité et aussi avec l'abaissement de la température. Dans les grandes profondeurs des fosses, elle atteint 1,08.

Tous ces critères (température, salinité, densité, couleur, etc.) permettent de distinguer différentes masses d'eau qui ne se mélangent pas ou très peu.

c – Les masses d'eau

La répartition des masses d'eau océaniques obéit à deux logiques : en profondeur il y a une stratification qui reflète les variations de densité et la circulation profonde qui en résulte, alors qu'en surface les masses d'eau reflètent les influences atmosphériques.

• La répartition verticale

Une *couche chaude* dite aussi « de mélange » est la couche de surface, épaisse de 50 à 300 mètres. Elle est directement influencée par l'atmosphère. C'est la couche d'absorption du spectre lumineux visible. Elle est animée par des mouvements d'origines multiples et rapides (vagues, courants, mouvements verticaux).

On trouve ensuite la *thermocline**, épaisse de 300 à 1 000 mètres, où la température décroît très rapidement avec la profondeur. C'est la transition avec les couches profondes froides. La thermocline est un obstacle aux mouvements verticaux : elle fait office de barrière hydrologique empêchant tout échange avec les eaux de surface sauf en quelques lieux particuliers nommés sources.

La *couche profonde*, qui représente près de 75 % des eaux océaniques, comprend une stratification verticale d'eaux d'origines géographiques différentes :

– l'eau de fond antarctique, provenant de la mer de Weddell et de la mer de Ross, est la plus dense du monde (densité de 1,028, salée et très froide : - 1,9 °C). Elle occupe les bassins les plus profonds de l'Atlantique et la quasi-totalité de ceux de l'océan Pacifique et Indien ;

– l'eau d'origine arctique (issue de la mer de Norvège) dite circumpolaire, plus salée et moins froide, occupe le fond de l'Atlantique nord. Lorsqu'elle rencontre l'eau de fond antarctique à hauteur de l'équateur, elle la surmonte car elle est plus légère.

- **La répartition des masses d'eau en surface**

La limite entre les masses d'eau de surface se marque par des discontinuités appelées fronts hydrologiques, où les variations de température et de salinité sont fortes. Leur rôle est fondamental dans la circulation océanique. Influencées par l'atmosphère qui les surmonte, ces masses d'eau présentent une répartition zonale.

Les zones polaires abritent les masses d'eau les plus froides (de + 2 °C au point de congélation). Elles sont peu salées à cause de l'apport en eau douce de grands fleuves ou/et de la fonte des glaciers et des inlandsis, ce qui les maintient en surface. Elles sont le domaine de la banquise, qui en hiver peut atteindre 20 millions de km^2 en Antarctique (contre 15 en Arctique).

Le domaine subpolaire est occupé par des eaux plus salées et plus chaudes (5 à 10 °C). Elles sont particulièrement bien représentées dans l'océan Austral entre le 55° et 40° de latitude Sud.

Les masses d'eau subtropicales occupent la plus vaste surface des océans, elles ont une température et une salinité élevée (l'évaporation y est dominante). Elles offrent des variations importantes dues à la circulation (voir troisième partie) et composent en partie les eaux des domaines tempérés.

Les eaux équatoriales (développées sur 5° de latitude de part et d'autre de l'équateur) sont les plus chaudes et les moins salées, car soumises à des précipitations considérables.

❸ Les mouvements de la mer

a – Généralités

Comme tout fluide, la masse d'eau océanique est soumise à des mouvements dont la cause est soit externe (l'expression « forçage » souligne cette intervention provenant de l'extérieur de l'océan), soit interne à celle-ci.

Les *facteurs externes* à celui-ci sont l'attraction de la lune et du soleil responsable de la marée*, la pression atmosphérique*et le vent. Compte tenu des forces de turbulence et de viscosité, les forces externes influent sur quelques centaines de mètres d'épaisseur (approximativement la couche chaude).

Les *facteurs internes* sont la température, la salinité et la turbidité[1]. Ces facteurs modifient la densité des eaux et sont à l'origine de mouvements internes. Une eau dense plonge en profondeur. Cette circulation due à la température et à la salinité est dite thermohaline*. Des eaux chargées de particules acquièrent une densité plus forte que les eaux environnantes, ce qui déclenche un courant de densité susceptible d'action sous-marine importante. Ce sont des courants locaux.

Ces mouvements se produisant sur une sphère en rotation, ils sont déviés par la « force de Coriolis[2] » : vers la droite dans l'hémisphère nord, la gauche dans l'hémisphère sud. La traduction de cette force prend deux aspects en hydrologie marine :

– la circulation des eaux est excentrée et intensifiée dans l'ouest des océans (ainsi la différence de la force des courants entre la façade américaine et européenne de l'atlantique) ;

– les courants dus au vent sont déviés d'environ 45° en surface, mais la viscosité et la force de Coriolis font tourner le courant en profondeur jusqu'à en inverser la direction, tout en atténuant fortement sa vitesse[3]. Ceci se fait au « niveau de frottement », compris entre 100 et 200 mètres de profondeur selon la latitude.

b – Les circulations océaniques

On distingue deux types de circulation : l'une superficielle, produit de l'action des vents, l'autre profonde, dite circulation thermohaline*, due aux différents champs de densité.

1. Turbidité : état d'un liquide trouble, qui contient des particules en suspension.
2. Gaspard-Gustave Coriolis (1792-1843), mathématicien français qui a énoncé la loi dite de Coriolis. Elle rend compte de la déviation qui affecte le mouvement des corps dans un milieu en rotation. La déviation est nulle à l'équateur et maximale au pôle.
3. Spirale d'Ekman, du nom de l'océanographe suédois qui en fit la démonstration (1874-1954).

- La circulation superficielle

Les courants marins se définissent par leur direction, vitesse, débit, température et salinité (voir croquis n° 1). Leur vitesse est faible, de l'ordre de 1 à 3 nœuds/heure[1], leur débit considérable (de 80 à 200 millions de m^3/s)[2]. Ils concernent une couche d'eau profonde de quelques centaines de mètres et sont générés par le vent combiné à la force de Coriolis. On les nomme courant de dérive. Ils sont larges de 100 à 300 km et traversent les océans comme de gigantesques fleuves, dessinant des méandres aux contours changeants selon les saisons. Ils transportent des quantités énormes de chaleur des basses latitudes vers les hautes latitudes et inversement des températures fraîches vers les basses latitudes : ce sont des acteurs majeurs du climat.

Le système des courants peut se décrire comme suit. Des vents réguliers et soufflants de l'est (les alizés, voir chapitre IV) entraînent des dérives équatoriales portant vers l'ouest, ce sont les courants équatoriaux[3]. Ces dérives décrivent de grandes girations (mouvements circulaires) dans le sens des aiguilles d'une montre dans l'hémisphère nord et en sens inverse dans l'hémisphère sud.

Le déficit d'eau produit par l'éloignement des eaux des bordures continentales orientales provoque une remontée d'eaux plus froides des profondeurs, riches en éléments nutritifs : on les appelle des *upwellings*.

Les courants de l'Atlantique sont très représentatifs de ce système. Dans l'hémisphère nord, on distingue une première partie du circuit générée par les alizés : le courant nord équatorial est ainsi renforcé par une partie du courant sud équatorial dévié vers le nord par le promontoire brésilien. Il pénètre dans le golfe du Mexique et devient le Gulf Stream à la sortie du détroit

1. 1 nœud correspond à 1 mille marin par heure, soit environ 1,852 $km.h^{-1}$ ou 0,514 $m.s^{-1}$.
2. Exprimé en Sverdrup (1 sv = 10^6 m^3/s).
3. On a montré récemment que la circulation tropicale était moins simple que ce que l'on ne croyait. Un contre-courant équatorial orienté d'ouest en est, au parcours et au débit très variables, a été mis en évidence.

Croquis n° 1

Carte des courants marins de surface

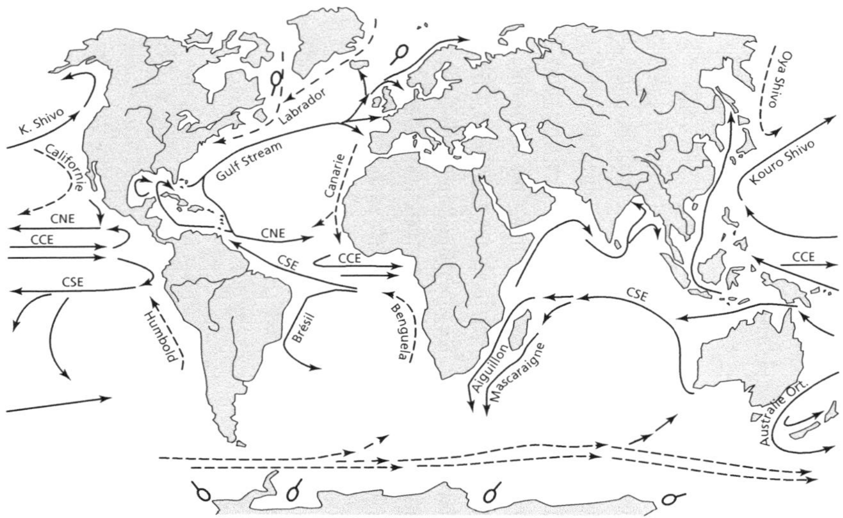

CCE : contre-courant équatorial
CSE : courant sud-équatorial
CNE : courant nord-équatorial

— Courants chauds
--- Courants froids
ρ Sources froides

Source : d'après Pierre Pech et Hervé Regnauld, *Géographie physique*, Paris, Puf, 1992.

de Floride. Il est alors orienté sud-nord et longe les côtes américaines jusqu'à hauteur du cap Hatteras, où il rencontre le courant froid du Labrador (il y a convergence). Subissant la force de Coriolis, il est dévié sur sa droite, traverse l'Atlantique et devient la dérive nord-atlantique. Arrivé au large des côtes européennes, il se divise en deux grandes branches : l'une transporte les eaux tièdes le long des côtes européennes et norvégiennes, alors que l'autre se dirige au sud (courant des Canaries, de Mauritanie et du Cap-Vert), et transporte les eaux fraîches venant de la zone tempérée. On retrouve l'équivalent dans l'océan Pacifique avec les courants de l'Oya Shio et du Kouro Shio.

Seul l'océan Austral connaît un courant non morcelé par les continents, il ne subit que l'influence de l'extrême pointe de l'Amérique du Sud. Il est mû par les grands vents d'ouest entre 40° et 60° S. C'est le plus important des courants marins (100 à 150 millions de m^3/s). Il dirige des diverticules puissants orientés sud-nord, qui renforcent les *upwellings* des côtes occidentales des continents de l'hémisphère sud (Benguela pour la côte africaine, Humboldt pour la côte américaine).

Deux cas particuliers complètent ce schéma :

– la circulation superficielle de l'océan Indien est très originale du fait de sa fermeture au nord de la latitude 20° N et de l'influence de la mousson*. Il est le seul des océans à présenter une inversion saisonnière des courants de surface : en hiver la circulation se fait de l'est vers l'ouest (rôle de l'alizé) ; en été les courants s'inversent sous l'effet de la mousson (cas du courant de Somalie) ;

– la configuration particulière des zones subpolaire et polaire de l'hémisphère boréal (les continents enserrent la masse d'eau océanique et les contours côtiers sont sinueux) explique la complexité des courants superficiels. Les côtes orientales de l'Amérique et de l'Asie sont longées par des courants froids et les bordures occidentales par des courants chauds.

• La circulation profonde

L'influence du vent sur les eaux marines disparaît vers 200 mètres de profondeur. Les 9/10 de la masse océanique échappent donc à cette influence. Seules les variations de densité peuvent générer des courants.

Les eaux lourdes sont le résultat de leur refroidissement au contact des masses d'air polaires très froides. Elles sont alors soumises à une forte évaporation et leur salinité augmente fortement. La formation de la banquise est, elle aussi, source d'augmentation de la salinité, la formation de la glace rejetant les sels. Il y a donc sursalure de l'eau en hiver. Ces eaux, surmontant des eaux plus légères, plongent en profondeur. Ce sont les « sources » des eaux profondes. Elles se trouvent en de rares endroits : mer de Norvège et du Labrador et surtout mer de Weddel et mer de Ross (océan Austral). S'amorcent ainsi des mouvements verticaux de convection, qui gagnent toute la colonne d'eau. Ce processus affecte l'océan sur plusieurs milliers de mètres de profondeur, alors que la colonne convective n'a qu'un diamètre de 1 à 10 kilomètres.

Le brassage des eaux qui s'effectue alors donne naissance à une eau homogène comprise entre 0° et 4 °C. Celle-ci occupe tout le fond de l'océan. Les eaux issues de l'Antarctique, encore plus froides (-0,5 °C), occupent les fonds supérieurs à 4 000 mètres. La topographie des bassins océaniques canalise cette circulation thermohaline dont la vitesse est très faible (quelques $cm.s^{-1}$).

Le circuit de circulation thermohaline s'effectue sur une durée allant de plusieurs siècles à deux millénaires. Ces eaux riches en dioxygène et en dioxyde de carbone assurent le renouvellement des eaux de grand fond.

La fin de ce long périple est le retour vers la surface de ces eaux des profondeurs, à travers les remontées d'eaux froides. Cet upwelling s'observe essentiellement sur les côtes occidentales des continents aux latitudes des tropiques.

Cette circulation thermohaline présente donc le caractère d'un tapis roulant qui prend en charge les mouvements verticaux et horizontaux de l'appareil circulatoire, et finit par associer la circulation superficielle à celle de la sphère d'eau profonde. En effet, arrivées en surface, les eaux profondes se réchauffent dans les zones tropicales et équatoriales (sources chaudes) et sont reprises par les grands courants de surface, tel le Gulf Stream.

L'océan fonctionne comme une immense machine thermique ayant sa source froide dans les zones polaires et sa source chaude dans les zones tropicales.

c – La marée

Si la marée est perceptible en plein océan et est responsable de variations altimétriques de la surface marine (de l'ordre du décimètre comme le montre les observations satellitaires), son rôle est beaucoup plus important à proximité des littoraux. C'est une oscillation périodique du niveau de la mer, qui se décompose en un mouvement vertical ascendant suivi d'une étale de pleine mer, puis un mouvement vertical descendant suivi d'une étale de basse mer. Ce mouvement peut se produire deux fois par jour (marée semi-diurne) ou une seule fois (marée diurne). La marée est provoquée par l'attraction de la lune et du soleil, la proximité de la lune avec la Terre explique que son influence est en moyenne 2,2 fois celle du soleil. Selon la position relative de la lune et du soleil par rapport à la Terre, les marées sont plus ou moins fortes. Lorsque les trois astres sont alignées (deux fois par mois), les marées sont de « vive eau », dans les deux autres cas (opposition des astres) les marées sont de « morte eau ». La dénivellation de la marée (marnage) est un élément fondamental de l'action de la mer, qui rythme les activités du bord de mer.

d – Les houles et les vagues

Le vent qui souffle sur la surface de la mer déclenche des mouvements ondulatoires à dominante verticale. Ce sont les houles et les vagues. Comme c'est un mouvement ondulatoire, il n'y a pas transport de matière : si on observe un bouchon à la surface de l'eau il se déplace verticalement mais pas horizontalement.

Les *vagues* sont des déformations désordonnées de la surface de la mer sous l'action du vent. Leur puissance est fonction de la vitesse du vent, de la durée de son action et de la distance sur laquelle il souffle (le *fetch* des Anglo-Saxons).

La *houle* est un mouvement ondulatoire qui se propage à la surface de la mer hors du vent. Contrairement aux vagues, ces ondulations sont ordonnées (c'est-à-dire parallèles entre elles, de caractéristiques proches). Elles se définissent par leur longueur d'onde (distance entre deux crêtes), leur célérité (vitesse de déplacement), leur amplitude (dénivellation entre le creux et la crête) et leur période (temps exprimé en secondes qui s'écoule entre le passage de deux crêtes). La cambrure de la houle ou de la vague est le rapport de sa hauteur sur sa longueur.

La longueur d'onde des plus grandes houles est de l'ordre de 200 mètres et leur période de 30 secondes. Il faut distinguer les houles/vagues en eaux profondes, qui ne sont pas influencées par le fond, des houles/vagues à la côte qui le sont et subissent alors des déformations (voir chapitre II de la quatrième partie, sur le littoral).

Les grandes aires de génération de houles à longue propagation se trouvent dans les zones tempérées des deux hémisphères entre le 40° et le 60° N et S. La zone australe est celle qui connaît les plus formidables houles (les 40e et 50e rugissants où des houles de plus de 15 mètres de haut ne sont pas rares).

• Des vagues particulières et redoutables

Les *ondes de tempête* sont dues à la fois à une forte baisse barométrique et à des vents violents poussant les vagues à la côte. Il peut alors se produire une élévation du niveau de la mer et des destructions fortes par des vagues exceptionnelles. C'est ce qui s'est passé pendant l'ouragan Katrina, en août 2005, où une onde de tempête supérieure à 8 mètres a dévasté la Nouvelle Orléans.

Les *tsunamis* sont liés à des séismes sous-marins ou à des éboulements dans la mer. Leur longueur d'onde est de plusieurs centaines de kilomètres, leur période d'au moins quinze minutes, leur célérité considérable (jusqu'à 800 km/h) et leur hauteur de quelques décimètres. Lorsqu'elles arrivent sur les rivages, elles provoquent des catastrophes tant à cause de leur vitesse élevée qu'en raison de leur amplitude, qui peut dépasser 30 mètres (pour le tsunami survenu au Japon en 2011).

e – Les grandes oscillations océaniques ou le couplage océan/climat

Les incidences du climat* sur l'océan (tels les courants de dérive) ou de l'océan sur le climat (le cycle de l'eau) montrent que ce couple fait système. Deux processus d'ampleur zonale confirment cette observation : « el Niño » et l'oscillation de l'Atlantique nord.

L'ENSO (*El Niño Southern Oscillation*) est un phénomène ondulatoire et oscillatoire d'une durée d'environ 18 mois qui survient selon une périodicité de 3 à 7 ans en moyenne. Il comporte une phase chaude (El Niño, littéralement « courant du petit Jésus », se produit aux alentours de Noël) et une phase froide (La Niña). El Niño est l'épanchement le long de l'équateur d'une masse d'eau chaude venant de l'ouest du Pacifique et empêchant les *upwellings* de se produire. Il s'accompagne d'un transfert des pluies équatoriales vers des régions normalement désertiques. Il produit donc des anomalies climatiques souvent catastrophiques. Puis se produit un retour des eaux froides (La Niña) perturbant aussi le climat. Il correspond à une modification de la circulation tant atmosphérique qu'océanique.

En période « normale », les alizés (les vents d'est tropicaux) favorisent l'*upwelling* le long des côtes américaines et poussent les eaux chaudes équatoriales vers l'ouest (Australie, Indonésie). L'ENSO consiste en un affaiblissement de l'alizé, conséquence de la diminution des hautes pressions du Pacifique oriental (au niveau de l'île de Pâque). Ceci permet l'invasion de vents d'ouest qui poussent les eaux chaudes vers l'est : c'est El Niño. Ces perturbations atmosphériques sont renforcées par des ondes internes[1]. Lorsqu'elles se heurtent aux côtes américaines, elles déclenchent un retour vers l'ouest accentué, par les vents d'est qui ont repris leur prépondérance. Elles participent au retour vers l'ouest lorsqu'elles rencontrent les côtes américaines.

1. Ondes de Kelvin, oscillations thermiques internes se déplaçant vers l'est à une vitesse d'environ 30 à 100 km/h ; c'est une oscillation pendulaire.

L'oscillation de l'Atlantique nord (*North Atlantic Oscillation ou NAO*) : les météorologistes ont observé une alternance décennale des variations de pression des grands centres d'action de l'Atlantique nord (voir chapitre IV) : renforcement du gradient entre la dépression d'Islande et l'anticyclone des Açores, qui est la phase positive de l'oscillation, puis diminution forte de ce gradient, qui est la phase négative. Ces phases se déroulent durant l'hiver. En phase positive, les vents dominants d'ouest sont renforcés et les tempêtes plus nombreuses sur les côtes européennes, alors que les températures et les précipitations sont plus élevées. Le bassin méditerranéen connaît alors des hivers plutôt secs. En phase négative, on observe un affaiblissement des vents et une diminution des tempêtes. L'Europe connaît des hivers plus froids. Au cours de cette période, le vent du nord issu du pôle refroidit considérablement les eaux qui s'alourdissent et s'enfoncent. Le renouvellement des eaux profondes est accru et la circulation thermohaline est renforcée alors que, dans l'autre situation, elle est fortement ralentie.

4 L'écosystème océanique

L'océan peut être considéré comme le plus vaste écosystème de la planète. Il a été le lieu d'apparition de la vie il y a près de 3,6 milliards d'années, et la majorité des espèces connues ont un ancêtre marin. La continuité de l'océan et l'existence des courants a facilité la diffusion du vivant à l'échelle du globe.

Les premiers êtres pluricellulaires sont apparus dans l'océan, il y a environ 600 millions d'années. La vie est présente sous ses formes les plus diverses et de façon abondante. Les biologistes estiment que plus des cinq sixièmes des espèces animales sont marines. La biodiversité est donc tout à fait exceptionnelle (encadré n° 2).

Les profondeurs de l'océan offrent le seul lieu où la vie peut se développer en l'absence de toute lumière. L'énergie nécessaire à la vie n'est alors pas le soleil : il n'y a pas photosynthèse mais chimiosynthèse. Des bactéries se développent ainsi dans les fluides hydrothermaux des fumeurs noirs ou blancs.

Les organismes marins présentent une très grande diversité de tailles : depuis le micromètre (picophytoplancton) jusqu'aux cétacés qui peuvent atteindre plus de 30 mètres et peser 13 tonnes (le rorqual bleu).

ENCADRÉ N° 2

Le plancton

Il est d'origine végétale (phytoplancton) ou animale (zooplancton) et désigne tous les organismes vivants qui n'ont pas d'attache et flottent donc librement dans l'océan. On le classe également en fonction de sa taille : mégaplancton : 20-200 cm (ex : grosses méduses) ; macroplancton : 2-20 cm ; mesoplancton : 0,2 mm-2 cm (visible à l'œil nu) ; microplancton : 20-200 µm ; nanoplancton 2-20 µm ; picoplanton : 0,2-2 µm (bactéries et eucaryotes) ; femtoplancton : < 0,2 µm (essentiellement des virus). Le nombre d'espèces est estimé à plus d'un million et demi. Il représenterait à lui seul 90 % de la biomasse océanique. Le plancton est présent dans les 100 premiers mètres de la masse océanique, car lié à la lumière. Par photosynthèse, il recycle la moitié du dioxyde de carbone absorbé par les océans. La chaîne alimentaire se présente ainsi : le phytoplancton se nourrit de nitrates en présence de lumière. Il est la proie du zooplancton herbivore, lui-même aliment du zooplancton carnivore, qui lui-même sert d'aliment aux poissons, mollusques, etc.

Cette vie marine se répartit selon deux gradients : horizontal et vertical.

Le *gradient horizontal* montre l'opposition entre des zones fortement biogènes et d'autres plus pauvres. Les eaux froides ont une production de plancton très élevé (500 mg/l). Cette richesse s'explique par la richesse en nutriments[1] des eaux froides, et de leur teneur en gaz dissous. Ce sont des puits à dioxygène et à dioxyde de carbone. Les *upwellings* sont aussi très favorables à l'explosion de la vie marine et sont des lieux de pêche remarquables. La convergence et les fronts hydrologiques qui en résultent (ainsi la rencontre entre le Gulf Stream, courant chaud et le courant du Labrador, froid) sont des lieux privilégiés pour la

1. Nutriments : ce sont des composés organiques et minéraux nécessaires à l'alimentation des organismes vivants.

richesse biologique, puisque les espèces recherchant les eaux chaudes et celles ayant besoin d'eaux froides y sont présentes.

Le *gradient vertical* est déterminé par la présence ou l'absence de lumière, il détermine le domaine phytal (qui permet la croissance des algues et qui, selon les lieux, varie entre 80 à 150 mètres de profondeur) et le domaine aphytal, où faute de lumière les algues ne peuvent vivre. Ces deux ensembles se divisent en deux niveaux : le niveau pélagique, qui est celui de la pleine eau, et le domaine benthique, qui est celui du fond de la mer. L'amplitude verticale est très différente entre le milieu phytal où les variations sont d'ordre métrique à décamétrique (les domaines côtiers et la plateforme continentale) et le domaine aphytal, où les variations sont d'ordre kilométrique : on distingue ainsi le bathyal (jusqu'à 3 000 mètres de profondeur), l'abyssal (de 3 000 à 6 000 mètres) et l'ultra-abyssal (de 6 000 mètres jusqu'aux plus grandes profondeurs des fosses sous-marines).

Le milieu océanique se différencie du milieu terrestre par l'importante proportion de matière organique non vivante (environ les 4/5 de la quantité totale de matière organique). Ce serait dû à l'intense activité des bactéries dans toute la masse d'eau. C'est un problème encore non résolu par les biochimistes : cette matière organique est-elle exploitée par les animaux marins ?

Conclusion

Le monde de l'océan comporte encore de nombreuses inconnues, même s'il a été largement étudié et analysé depuis le dernier demi-siècle. C'est l'analyse et la compréhension du fonctionnement du fond océanique qui est à l'origine de la révolution de la géologie contemporaine. Le couplage océan/atmosphère est le domaine aujourd'hui le plus étudié, car il permet de comprendre et peut être d'anticiper les modifications climatiques. L'océan fait aujourd'hui l'objet d'une attention particulière quant à sa protection. Il reste beaucoup à faire dans ce domaine.

Bibliographie

GEISTDOERFER Patrick, *La Mer et les Océans*, Paris, Ellipses, 2005.

GLÉMAREC Michel, *Qu'est-ce que la biologie marine ?*, Paris, Vuibert, « Inflexions », 2007.

VANNEY Jean-René, *Géographie de l'océan Global*, Paris, Éditions Scientifiques GB, 2003.

III. Hydrologie continentale : les lacs et les fleuves

L'eau est devenue la préoccupation majeure du XXIe siècle. Un habitant sur cinq y a un accès limité, un sur trois dispose d'une eau de qualité insuffisante. L'eau génère de nombreux conflits à travers le monde. C'est dire l'importance de cette ressource, la seule théoriquement inépuisable de la planète puisque constamment renouvelée à travers le cycle de l'eau.

Les eaux douces de la planète, soit celles dont la salinité est inférieure à 3 grammes par litre, ne représentent que 3 % en volume de toute l'eau de l'hydrosphère, et encore toute cette eau n'est-elle pas disponible, la majeure partie étant gelée aux pôles. Leur répartition est la suivante : les glaces (essentiellement les inlandsis) représentent 2,1 % du total, les eaux souterraines 0,6 %, les lacs 0,1 %, les fleuves et rivières 0,003 %.

1 Le cycle de l'eau et l'écoulement à la surface du globe

a – Le cycle de l'eau

L'eau est une molécule simple aux propriétés complexes. Elle existe dans la nature sous les trois états : liquide, solide et gazeux. Le passage de l'un à l'autre se fait constamment, mais en des lieux et en des temps différents. C'est ce qu'exprime la notion de cycle : un système en boucle dont le point de départ et d'arrivée est l'océan.

L'énergie nécessaire au passage de chaque état de l'eau est fournie par le rayonnement solaire. Celui-ci est responsable de l'évaporation (passage de la forme liquide à la forme gazeuse) qui s'exerce sur toute l'eau à la surface du globe. Les océans occupant 71 % de cette surface, on comprend le rôle moteur de ces derniers. Le processus d'évaporation est endothermique, c'est-à-dire qu'il s'accompagne d'une forte absorption de chaleur, car il faut une grande quantité d'énergie pour rompre les liaisons entre molécules d'eau. La vapeur d'eau, entraînée par les courants atmosphériques (chapitre IV), sature l'atmosphère qui la contient[1], entraînant la formation de nuages composés de millions de gouttelettes d'eau ou de glace, qui retournent au sol* sous forme de pluie ou de neige (rôle de la pesanteur). Ce passage de la forme gazeuse à la forme liquide ou solide est la condensation, qui libère une quantité d'énergie égale à celle consommée par l'évaporation. Le cycle de l'eau implique d'importants transferts de chaleur qui jouent un rôle essentiel dans la circulation atmosphérique et les climats. Il se déroule dans deux ensembles fortement liés : l'atmosphère, où la circulation se fait essentiellement sous forme de vapeur d'eau, et le globe terrestre, où l'eau s'écoule sur les continents pour rejoindre les océans. En moyenne, à l'échelle du globe, on estime que la dynamique du cycle de l'eau se traduit ainsi : 65 % des précipitations qui parviennent au sol ou en mer s'évaporent, 24 % ruissellent et 11 % s'infiltrent. Le volume de l'hydrosphère reste constant dans le temps. L'analyse des sédiments marins a permis de montrer que le volume des océans n'avait pas varié depuis un milliard d'années. Ce qu'un réservoir perd, un autre le récupère.

Si les échanges entre les quatre grands réservoirs de l'hydrosphère (les mers et océans, les eaux continentales superficielles et souterraines, l'atmosphère et la biosphère) sont permanents, ils se font selon des pas de temps très différents. En un an, c'est seulement 0,05 % de l'hydrosphère qui participe au cycle de l'eau. En effet, les molécules d'eau restent dans chaque réservoir avec des durées très variables. Le temps moyen de résidence est le suivant :

– quelques heures pour la biosphère (les cellules vivantes) ;

1. L'atmosphère ne peut contenir qu'une certaine quantité de vapeur d'eau et ceci est largement fonction de la température (l'air froid contient moins de vapeur d'eau que l'air chaud).

– une semaine dans l'atmosphère ;

– quelques dizaines de jours dans les fleuves et rivières, un an dans les sols ;

– une dizaine d'années pour les lacs (on atteint 20 ans pour les plus grands lacs de la planète).

Le saut quantitatif avec les autres réservoirs est considérable : du siècle au millier d'années pour les eaux souterraines, 2 500 ans pour les océans. La durée de résidence dans les glaciers et calottes glaciaires varie de 1 500 ans à près de 10 000 ans.

Les trois moments clé du cycle de l'eau sont : l'évaporation, les précipitations et l'écoulement des eaux qui font retour à l'océan.

L'*évaporation* est un processus physique qui s'exerce sur les surfaces d'eau libre (océans, lacs, fleuves, étangs). Lorsqu'elle est le résultat de la respiration des végétaux, on parle d'évapotranspiration. Les surfaces marines fournissent près de 80 % de la vapeur d'eau, les prélèvements sur les continents étant de 20 %. Les eaux chaudes des tropiques sont les plus favorables à l'évaporation ainsi que les eaux des zones tempérées traversées par les courants chauds. Le plus gros fournisseur est l'océan Pacifique, qui procure à lui seul plus de la moitié de la vapeur d'eau annuelle, suivi à égalité par l'océan Atlantique et l'océan Indien. Les océans et mers froides ne fournissent que très peu de vapeur d'eau.

Les *précipitations*, qu'elles soient liquides ou solides, représentent en moyenne près de 1 000 mm par an, un peu plus sur les océans, un peu moins sur les continents. Mais leur répartition est très inégale (voir chapitre IV). La zone froide de chaque hémisphère, les déserts chauds, ne reçoivent que des quantités infimes (< à 250 mm) alors que les zones équatoriales et les régions de mousson atteignent des chiffres exceptionnels (jusqu'à 11 000 mm). Ces précipitations présentent des écarts saisonniers importants, sauf à l'équateur, écarts beaucoup plus marqués sur les continents que sur les océans. Les précipitations solides qui dominent en montagne ou dans les régions froides provoquent des retards parfois considérables dans l'écoulement.

L'*écoulement des eaux* à la surface du globe prend des formes très différentes.

• L'écoulement des eaux à la surface du globe

L'eau échappant à l'évaporation physique et à l'évapotranspiration va soit s'infiltrer dans le sol soit ruisseler. Il y a deux grands formes de ruissellement : le ruissellement linéaire et le *sheet-flood* (ruissellement en nappe), caractéristique des régions tropicales semi-arides à la suite d'un violent orage. Pour que l'eau ruisselle, il faut que la surface du sol soit saturée. Avant ce stade, une partie des eaux va percoler en profondeur.

• L'écoulement souterrain

On distingue trois niveaux d'écoulement souterrain :

– le *niveau d'évaporation*, là où la végétation puise son eau. L'eau capillaire est retenue par la tension superficielle (attraction de l'eau par les particules de sol. La tension superficielle est d'autant plus forte que les particules sont fines). L'eau hygroscopique est maintenue dans les pores par adsorption[1]. Les forces de liaisons étant très fortes, elle est irrécupérable par les plantes. La réserve utile (RU) d'un sol correspond à la quantité d'eau que le sol peut absorber et restituer à la plante ;

– le *niveau d'aération*, où l'eau circule dans le sens de la plus grande pente : c'est l'eau gravitaire. Ce type de ruissellement peut se produire dans les alluvions sableuses des cours d'eau : c'est l'inféro-flux, parfois la seule forme d'écoulement dans les déserts chauds ;

– le *niveau de saturation* plus profond est le niveau des nappes souterraines (encadré n° 3).

Ces nappes constituent des réservoirs d'inégale importance, qui restituent l'eau emmagasinée par les sources. Il y a deux types de sources :

– les sources superficielles alimentées par l'eau infiltrée dans le sol, qui sont des sources intermittentes (le temps d'une averse), sauf en climat équatorial très humide ;

1. Adsorption : rétention à la surface d'un solide des molécules d'un gaz ou d'une substance en solution ou en suspension.

– les sources de roche alimentées par des nappes importantes et qui entretiennent la rivière, même en période d'absence prolongée de pluie.

ENCADRÉ N° 3

Typologie des nappes souterraines

Les *nappes phréatiques* occupent les roches perméables superficielles, leur niveau nommé surface piézométrique est fonction des précipitations. Elles sont limitées en profondeur par une roche imperméable.
Les *nappes alluviales* se développent dans les alluvions des cours d'eau et sont plus ou moins en relation avec les eaux de la rivière.
Les *nappes captives* sont surmontées d'une roche imperméable qui les maintient sous pression. En relation avec la surface (par un conduit naturel ou non), elles donnent lieu à un jaillissement : c'est un puits artésien.
Une *nappe suspendue* est une réserve d'eau maintenue par une roche imperméable au-dessus du fond de la vallée.
Les *nappes fossiles* sont des nappes profondes qui ne sont plus aujourd'hui en contact avec le réseau hydrographique de surface : ainsi la nappe du Sahara septentrional, qui s'étend sur plus de 1 million de km^2, recèle environ 31 000 milliards de mètres cubes d'eau. Leur exploitation peut conduire à leur tarissement.

- **L'écoulement superficiel**

La nature des roches influe grandement sur la densité du ruissellement. Le réseau hydrographique permanent est beaucoup plus dense sur les roches imperméables que sur les roches perméables. Lorsque les sols sont peu perméables ou gorgés d'eau par les précipitations[1] ou encore par l'affleurement temporaire de la nappe, l'eau de pluie ou de fonte des neiges ruisselle. Ce ruissellement élémentaire est concentré ou diffus. Concentré, le ruissellement est un écoulement linéaire ; diffus, il s'opère sous la forme d'une fine pellicule d'eau qui s'écoule le long des pentes et va gonfler les cours d'eau au fond des vallons. Toute cette eau

1. Sous l'impact des gouttes de pluie, le « splash », un sol nu (souvent agricole) peut être rendu compact, les éléments limoneux s'agrégeant en une fine croûte. Ce phénomène est appelé « battance ».

est transportée par les rivières puis les fleuves jusqu'aux lacs ou océans. L'intensité du ruissellement dépend de l'intensité et de la durée de la pluie, de l'état des nappes, de la nature du sol, de sa topographie, de la présence ou non d'un couvert végétal, des obstacles qui accidentent le terrain, naturels ou artificiels.

ENCADRÉ N° 4

La notion de bassin-versant

Le bassin-versant désigne l'ensemble des terrains qui alimentent par ruissellement un cours d'eau. Sa délimitation peut varier selon que l'on prenne en compte le seul écoulement superficiel ou la totalité de l'écoulement (y compris souterrain). En ce cas, le bassin-versant est plus vaste et parfois délicat à déterminer[1]. La dimension du bassin versant varie énormément, depuis celui d'un cours d'eau élémentaire (quelques km^2) jusqu'à ceux des grands organismes fluviaux tel celui de l'Amazone qui dépasse les 6 millions de km^2. 19 bassins versants dans le monde ont une superficie de plus d'un million de km^2.

Le bassin-versant est le bassin de réception des précipitations qui alimentent le réseau hydrographique concerné. La limite entre deux bassins-versants est dessinée par la ligne de crêtes, ligne de partage des eaux dessinée par la topographie. Un bassin-versant est drainé par un fleuve (organisme qui rejoint la mer), lui-même alimenté par des rivières qui reçoivent les rus et ruisseaux, organismes élémentaires du ruissellement. Le réseau hydrographique est donc un organisme hiérarchisé (excepté le cas particulier des déserts), ce qui permet de classer les affluents en fonction de leur taille : un ru reçoit le numéro 1 ; après confluence il a le numéro 2 et à chaque nouvelle confluence le chiffre augmente. Les fleuves géants atteignent un chiffre de 12 à 14.

Si les fleuves aboutissent à l'océan, la région drainée est dite exoréique (85 % des continents)[2], s'ils se terminent dans des lacs la région est endoréique (11 %) ; certaines régions désertiques privées d'écoulement sont dites aréiques.

Un cas particulier et exceptionnel de ruissellement est celui des laves torrentielles. Elles se produisent dans les montagnes

1. Dans le cas du Karst, les eaux souterraines peuvent se diriger vers un autre bassin versant.
2. Exoréique : se dit des régions dont le réseau hydrographique est raccordé au niveau des océans.

aux pentes fortes et sont déclenchées par une averse violente et très abondante. L'eau dévale la pente en se chargeant de matériaux hétéroclites (sable, graviers, blocs, troncs d'arbres) qui forment un mélange liquide très dense qui renverse tout sur son passage. C'est un risque majeur.

Le ruissellement est donc très variable, en fonction du bassin-versant sur lequel il s'exerce et du coefficient d'écoulement, rapport entre le volume liquide écoulé et la tranche d'eau précipitée sur la surface considérée. Ce coefficient est fonction du climat, de la lithologie et de la végétation de la surface d'écoulement. La notion de bassin-versant (encadré n° 4) est donc essentielle pour comprendre le fonctionnement hydrographique d'une région donnée.

❷ Les lacs

a – Généralités

Les lacs sont des dépressions fermées remplies d'eau[1], qui ne sont pas en relation avec la mer. Selon la taille de ces étendues d'eau stagnantes, on distinguera, du plus grand au plus petit : les lacs, les étangs, les mares et les marécages. Leur origine est multiple : dépression tectonique (le Baïkal), cratère volcanique (le lac Pavin), origine glaciaire (les grands lacs américains), barrage (volcanique, glaciaire, artificiel), etc. Les plus grands sont souvent appelés des mers, comme la mer Caspienne qui est le plus grand lac du monde (371 000 km²). Les plus profonds dépassent les 1 000 m de profondeurs comme le lac Baïkal, le plus profond du monde (1 637 m), alors que les mares n'excèdent pas le mètre de profondeur. La salinité est aussi très variable, de la mer Morte (350 g/l) au Baïkal qui est la plus grande réserve d'eau douce du globe. Comme ce sont des dépressions fermées, les lacs doivent un jour disparaître, comblés par les sédiments apportés par les fleuves qui les alimentent ou bien asséchés du fait d'un climat semi-aride : c'est le cas du Grand Lac Salé aux États-Unis. L'assèchement peut être accéléré par l'action humaine, ainsi la mer d'Aral.

1. La science des lacs est appelée la limnologie.

b – L'hydrologie lacustre

Les lacs ont la plupart du temps un exutoire. Ils appartiennent alors au domaine exoréique et leurs eaux, rapidement renouvelées, sont peu ou pas salées. Mais ils sont parfois le réceptacle de l'écoulement (lac Tchad) : leurs eaux sont salées et leur niveau très variable. Ils appartiennent alors au domaine endoréique.

Le brassage des eaux permet (ou non) l'oxygénation des eaux profondes et donc l'existence de la vie. Le vent, qui crée des vagues et autres courants ainsi que les variations de densité, est à l'origine de ce brassage. Les eaux salées sont toujours plus denses que les eaux douces. On distinguera différents types de lacs :

– les lacs où le brassage a lieu deux fois par an (printemps et automne) : c'est le cas de nombreux lacs tempérés ;

– les lacs avec un mélange par an : c'est le cas des lacs tempérés océaniques (brassage pendant la saison froide), et aussi des lacs tropicaux de montagne ;

– les lacs à brassage aléatoire : ils sont nombreux dans la zone tropicale, où les températures varient peu et de façon irrégulière ;

– les lacs à mélange partiel : c'est le cas des lacs tropicaux profonds (lac Tanganyika). Ce brassage partiel interdit toute vie, sauf microbienne au fond du lac ;

– les lacs qui n'ont pas d'émissaires sont généralement salés. Le sel accroît la densité de l'eau. S'établit une stratification entre les eaux de surface, provenant des fleuves affluant, moins salées que les eaux profondes. Ces lacs sont euxiniques (privés d'oxygène), car le renouvellement des eaux ne se fait pas ou très peu.

3 Les fleuves et rivières

a – Définitions

On n'envisagera ici que l'hydrologie des cours d'eau. Leur dynamique sera traitée dans le chapitre sur l'érosion (chapitre III, deuxième partie).

ENCADRÉ N° 5

Vocabulaire de base de l'hydrologie fluviale

Le *débit* d'une rivière est le volume d'eau qui passe au travers d'une section transversale du lit par unité de temps. Le *module brut* est le débit annuel moyen d'un cours d'eau exprimé en m^3/s (pour une période minimale de 30 ans). Le *module spécifique* désigne le débit en litre par seconde par km^2.

Le *déficit d'écoulement* est la fraction des précipitations qui, arrivées au sol, échappent aux cours d'eau.

Les *courbes de débit classées* représentent le débit d'un cours d'eau pendant un nombre de jours donné de l'année. En général on les trace pour 10 jours, 6 mois et pour l'année. Le *coefficient de débit* est le rapport d'un débit au débit moyen à un moment T.

Le *coefficient mensuel* de débit exprime la variabilité saisonnière.

Les *hautes eaux* et les *basses eaux* sont deux moments opposés du régime d'un cours d'eau, ils se produisent chaque année. Le régime d'un cours d'eau désigne ses variations saisonnières de débit. Un cours d'eau est dit *pondéré* si l'écart entre les hautes et les basses eaux est faible (tant pour les moyennes mensuelles que pour les extrêmes). Le régime d'un fleuve est dit *régulier* s'il présente un cycle régulier de ses hautes et basses eaux.

L'*étiage* est le débit le plus faible du cours d'eau, c'est un événement exceptionnel calculé sur une longue période, qu'il ne faut pas confondre avec les basses eaux. Inversement, la *crue* est un événement exceptionnel d'élévation du niveau de l'eau, qui diffère des hautes eaux, phénomène récurrent. Plus une crue est majeure, plus son occurrence est rare. On distingue ainsi des crues décennales, centennales, millénales pour désigner des crues qui ont respectivement une probabilité de 1/10, 1/100 et 1/1 000 par an de se produire.

Une *inondation* désigne l'envahissement par les eaux d'une portion de territoire plus ou moins étendue. Une inondation n'est pas forcément liée au débordement d'un cours d'eau en crue : elle peut résulter par exemple d'une remontée de la nappe phréatique.

b – Les extrêmes hydrologiques

La *crue* est un événement exceptionnel par son ampleur et ses effets. La vigueur et la durée de la crue dépendent de nombreux facteurs : dimension du cours d'eau, forme et taille du bassin, nature du relief et des roches, pente du fleuve. La grande majorité des crues est d'origine pluviale, exception faite des crues des fleuves arctiques. La crue est liée à la conjugaison de deux phénomènes : le ruissellement direct d'une part et la remontée de la nappe qui, après des précipitations exceptionnelles, est mise sous pression et pousse l'eau préexistante.

La répartition géographique des crues montre qu'en domaine tempéré, ce sont les régions méditerranéennes qui connaissent les crues les plus fortes, avec une montée des eaux brutale et rapide, alors que les crues de climat océanique sont bien moindres, avec une montée des eaux lente. Le domaine continental offre des crues exceptionnelles avec les grands fleuves qui connaissent la fonte des glaces (l'Ienisseï). Le domaine intertropical connaît des crues assez modérées dans l'ensemble.

Les *étiages* sont les périodes de basses eaux très accusées. Ils sont le résultat d'une longue évolution du tarissement de l'alimentation. Le cas ultime de l'étiage est le tarissement temporaire du cours d'eau. Quatre situations existent : dans les déserts, les oueds n'ont un écoulement que lors d'un orage ; en domaine méditerranéens, certains petits cours d'eau tarissent au cœur de l'été ; en zone tropicale, à longue saison sèche (Nord Cameroun) ; en zone arctique (Sibérie orientale), certains cours d'eau gèlent jusqu'au fond et il y a donc tarissement.

c – Typologie des fleuves et rivières

Les variations saisonnières des pluies et des températures sont les principaux facteurs de variation du débit des fleuves et rivières, même s'il ne faut pas négliger la nature des roches des régions traversées. Le régime hydrologique s'exprime par la courbe des débits moyens. Il y a deux types de régimes : les régimes simples ou monomodaux et les régimes complexes ou polymodaux. Les premiers ont une période de hautes eaux et une période de basses eaux par an ; les seconds ont plusieurs périodes de hautes eaux et basses eaux (en général 2).

On distingue deux grands domaines de régime hydrologique.

D'une part, la *zone intertropicale*, où les variations de débit sont liées à la variation des pluies puisque les températures sont toujours positives. De part et d'autre de l'équateur, les variations saisonnières des précipitations sont faibles : les débits sont donc toujours soutenus.

D'autre part, les *régions tempérées et froides*, où les régimes des fleuves dépendent essentiellement des variations de température. Celles-ci agissent de deux façons totalement différentes : soit elles régissent les « maigres » d'hiver dus à la rétention nivale ou glaciaire, et les hautes eaux de printemps liées à la fonte des glaciers et de la neige ; soit elles jouent sur l'évapotranspiration estivale qui fait diminuer les débits durant cette période.

Il y a donc deux types de régime simple dans les domaines froids ou tempérés :

– dans les climats océaniques de plaine, la neige joue un rôle négligeable et le rôle de l'évapotranspiration devient essentiel dans les basses eaux (cas de la Seine ou de la Saône) ;

– dans les régions de montagne, dans les domaines froids et continentaux, la présence de neige et de glace détermine les basses eaux de l'hiver et les hautes eaux de printemps et d'été.

Ces régimes simples s'observent sur les cours d'eau de faible dimension et reflètent l'influence directe du climat. Mais les grands organismes (le Mississipi, l'Amazone, le Rhône) possèdent des régimes complexes, car ils traversent des régions aux climats très différents et de reliefs très variés. Complication supplémentaire pour les fleuves de très grande taille, les eaux s'écoulant très lentement lors de hautes eaux, celles-ci n'arrivent que plusieurs mois après le début des hautes eaux en amont, dans la partie aval du fleuve.

Conclusion

L'eau est donc un élément fondamental du système Terre. La part du cycle de l'eau est essentielle, non seulement dans l'élaboration du climat mais aussi dans la vie, tant végétale qu'animale. Ses caractéristiques chimiques particulières, son mode d'écoulement par les fleuves en font un élément majeur dans le dessin des paysages. Renouvelable, cette ressource a longtemps été considérée comme inépuisable. Sa consommation toujours croissante par les hommes et sa pollution en font un produit de plus en plus rare, enjeu (géo)politique parfois source de crises graves.

Bibliographie

BRAVARD Jean-Paul, PETIT François, *Les Cours d'eau, dynamique du système fluvial*, Paris, Armand Colin, 2000.

COSANDEY Claude, ROBINSON Mike, *Hydrologie continentale*, Paris, Armand Colin, 2000.

TOUCHART Laurent, *Hydrologie, mers, fleuves et lacs*, Paris, Armand Colin, 2003.

IV. La géoclimatologie

La définition la plus satisfaisante du concept de climat demeure celle de Maximilien Sorre[1] : « le climat est la série des états de l'atmosphère au-dessus d'un lieu, dans leur succession habituelle ». La série est un ensemble de mesures standardisées et homogènes. Elle est composée de moyennes (diurnes, mensuelles, annuelles) de températures, précipitations, pressions, direction et vitesse des vents, etc. Elle doit porter sur au moins trente ans et comprendre les événements exceptionnels qui sont aussi partie prenante du climat. C'est cette durée qui distingue le climat du temps. Le temps est l'ambiance journalière que l'homme ressent et qui se caractérise par sa très grande variabilité.

L'intérêt du terme de géoclimatologie que l'on doit à J.-P. Vigneau est de souligner l'attention que les géographes portent désormais non seulement à l'analyse des types de temps et du climat mais aussi aux relations qui existent entre la société et le climat, aux risques que ce dernier peut parfois faire courir sans oublier les modifications éventuelles que les activités humaines peuvent lui apporter.

Les états de l'atmosphère sont le résultat d'un ensemble de facteurs qui interagissent et font système. Pour le comprendre, il faut en étudier les éléments séparément même si leurs actions ne sont jamais dissociées dans la nature.

1. Géographe français (1880-1962), auteur d'une thèse de biogéographie et d'un ouvrage important de géographie humaine, il fut un pionnier de la géographie médicale.

1 Les éléments du système atmosphérique

a – La composition de l'atmosphère

La Terre est entourée de deux pellicules fluides : l'hydrosphère et l'atmosphère. Cette dernière est fondamentale puisqu'elle conditionne et permet la vie sur Terre. Elle forme une enveloppe épaisse de 800 à 1 000 km. Ce rayon représente à peine 16 % du rayon terrestre (6 400 km). Sa densité diminue très rapidement avec l'altitude, en relation directe avec l'amenuisement de l'intensité de la gravité. En prenant en compte la pression moyenne de 1 013,25 hectopascals (hPa), sa masse est d'environ $5{,}10^{15}$ tonnes. 99,9 % de cette masse est comprise entre 0 et 50 km, 50 % est présente dans les 5 500 premiers mètres. L'atmosphère est à la fois chauffée par le haut (le rayonnement solaire) et par le bas (le rayonnement terrestre).

La variation de densité et de composition chimique de l'atmosphère font que les rayonnements sont différemment absorbés par ses différentes couches. Celles-ci s'échauffent donc différemment, ce qui se traduit par une stratification en quatre domaines, qu'on rencontre successivement en partant du sol (voir croquis n° 2).

La *troposphère* est constamment agitée par des mouvements verticaux et horizontaux. Elle est limitée vers le haut par la tropopause dont l'altitude varie de 7 km aux pôles à 17 km à l'équateur. La température diminue du sol jusqu'à la tropopause où elle croit de nouveau (inversion de température), ce qui bloque tous les mouvements verticaux. On distingue deux niveaux :

– de 0 à 3 000 m, on trouve la couche la plus agitée directement influencée par la surface terrestre, c'est la couche de base ou couche turbulente ;

– de 3 000 m à la tropopause, on trouve la couche « libre », c'est-à-dire non influencée par la surface du sol. La limite entre les deux couches est souvent marquée par une inversion de température qui bloque les impuretés. Celles-ci colorient en gris foncé cette limite appelée la péplopause.

Croquis n° 2
Coupe de l'atmosphère

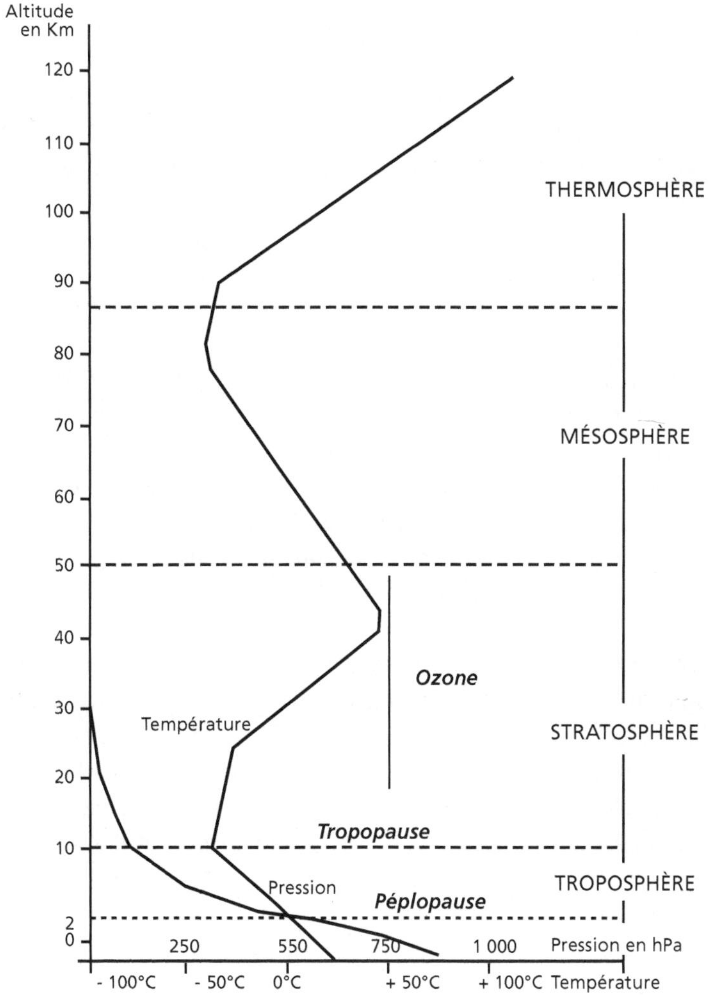

La *stratosphère* se développe de la tropopause à 40 km environ, les écoulements laminaires[1] dominent, la vapeur d'eau y est très rare, la température croit très légèrement. Cette couche contient 90 % de l'ozone concentrée vers 25 km, qui bloque les ondes ultracourtes (entre 0,21 et 0,29 micron[2]) du rayonnement solaire (les ultraviolets), rendant ainsi la vie possible sur Terre. Elle se termine par la *stratopause*, nouvelle inversion thermique.

La *mésosphère* de 40 à 80 km dont la température décroît jusqu'à la mésopause, inversion thermique marquant le début d'une nouvelle couche.

La *thermosphère ou ionosphère* de 80 à 100 km, est une couche conductrice où les gaz ionisés réfléchissent vers la Terre les ondes radio, ce qui permet les communications intercontinentales.

Au-delà de la thermosphère, là où la densité est si faible que les lois de la physique des gaz ne peuvent s'appliquer, c'est l'*exosphère*.

La troposphère et la stratosphère sont les seules couches atmosphériques à jouer un rôle dans les processus climatiques, ce sont donc les seuls que nous étudierons. Quels sont les composants de ces deux couches atmosphériques ?

L'air est le mélange de gaz qui compose l'atmosphère. Il contient des particules liquides et solides en suspension. Les gaz constituant l'air sec de composition constante sont : l'azote (78 %), le dioxygène (21 %), l'argon (1 %), le dioxyde de carbone ou CO_2 (0,003 %). À l'état de traces on trouve le néon, l'hélium, le krypton, l'hydrogène et l'ozone. La vapeur d'eau et les oxydes d'azote sont en quantité variable selon les lieux et l'altitude. La vapeur d'eau est quasi exclusivement localisée dans les basses couches de l'atmosphère.

Les cristaux de glace et les gouttelettes d'eau sont les plus importantes particules liquides et constituent les hydrométéores : nuages, brouillards, brume, précipitations. L'air contient aussi des

1. Un écoulement laminaire est un écoulement de masse liquide ou solide dont les composantes se déplacent parallèlement les unes aux autres, c'est un écoulement régulier.
2. 1 micron (µm) = 10^{-6} m ou 1/1 000 de mm.

particules solides (cristaux de sel, poussières, cendres volcaniques, rejets industriels, etc.). Ces aérosols (de 1/10 à 10 microns) sont importants dans la condensation (noyaux de condensation), donc dans la formation des pluies.

b – L'énergie du système atmosphérique : la radiation

L'essentiel de l'énergie à la surface de la Terre provient du rayonnement solaire, même si le rayonnement interne de la planète en fournit un peu. Le rayonnement est un processus de nature ondulatoire, caractérisé par sa longueur d'onde. Il permet un transfert d'énergie sans support matériel. Le rayonnement solaire se propage à la vitesse de 300 000 km/s. Il émet dans des longueurs d'onde dont le spectre va de l'ultraviolet (0,2 µm) à l'infrarouge (50 µm) et aux ondes radio qui s'expriment en mètres ou en kilomètres. L'intensité maximale se fait dans le rayonnement visible (entre 0,4 et 0,7 µm). La Terre, située à 150 millions de kilomètres du soleil, capte une infime partie de cette énergie (qui rayonne en toutes directions). Cela représente, au sommet de l'atmosphère, 342 watts par mètre carré[1]. C'est la constante solaire.

L'enveloppe atmosphérique de la Terre filtre le rayonnement solaire. Certaines radiations sont stoppées, comme les ultraviolets, tandis que d'autres sont renvoyées dans toutes les directions par les molécules des différents gaz et vapeurs constituants l'atmosphère. Les molécules qui diffusent les radiations de petite longueur d'onde sont responsables de la couleur bleue du ciel.

Tout corps recevant des rayons solaires en renvoie une partie selon le même angle que l'angle d'incidence : c'est l'albédo*. Tout le rayonnement solaire n'atteint donc pas le sol. Les nuages réfléchissent une partie importante des rayons solaires. Cette fraction d'énergie (environ 25 %) constitue l'albédo atmosphérique. Une partie renvoyée vers l'espace est perdue, l'autre atteint le sol, c'est le rayonnement diffus.

1. Un watt est la puissance d'un système énergétique dans lequel une énergie de 1 joule est transférée uniformément pendant 1 seconde.

Les radiations visibles bénéficient d'une « fenêtre » et parviennent directement au sol, c'est le rayonnement direct. Le rayonnement global est l'addition du rayonnement direct et du rayonnement diffus.

La surface du globe diffuse également une partie des rayons reçus. Cet albédo terrestre renvoie environ 5 % du rayonnement incident. Ce rayonnement terrestre se fait sous forme de radiations longues (l'infrarouge) et n'est donc pas visible. Cet albédo est très variable en fonction du substrat et de l'inclinaison des rayons. La neige a un très fort albédo (80 %), alors que les forêts ont un albédo faible (10 %), de même que les surfaces liquides. Ce rayonnement se fait de façon très différente dans le temps : les surfaces terrestres renvoient l'énergie en quelques heures alors que les surfaces liquides et en particulier les océans les renvoient beaucoup plus lentement.

Cette restitution de l'énergie par la surface du globe terrestre se fait sous deux formes : rayonnement par radiations de grande longueur d'onde ou sous forme de chaleur. Une petite partie de ce rayonnement part directement vers l'espace, mais la plus grande partie est piégée par la vapeur d'eau, les nuages, le dioxyde de carbone, le méthane qui captent ces ondes longues et les renvoient vers la Terre. C'est *l'effet de serre*, qui est capital, car sans lui la température moyenne du globe serait de - 18 °C alors qu'elle est de + 15 °C.

La restitution de l'énergie sous forme de chaleur se fait de deux façons :

– par chaleur sensible (celle que l'on mesure avec un thermomètre) : au contact du sol plus chaud, les basses couches de l'atmosphère se réchauffent. Devenues plus légères, elles s'élèvent et sont remplacées par des couches plus froides qui se réchauffent à leur tour, s'élèvent, etc. Ainsi une partie de la chaleur est restituée en altitude. Ce mouvement est dit de convection ;

– par chaleur latente, qui fait passer la chaleur de l'eau à l'air. La transformation de l'eau en vapeur par évaporation consomme de l'énergie, alors que la transformation inverse, la condensation (passage de la vapeur à l'état liquide sous forme de gouttelette de pluie) restitue cette énergie. Il y a donc communication de chaleur à l'atmosphère lors de la condensation. Cette forme d'échange est quatre fois plus importante que la précédente.

Si la planète ne s'échauffe pas, c'est parce qu'il y a équilibre thermique : les sorties égalent les entrées au sommet de l'atmosphère. Il en va tout autrement à la base de l'atmosphère.

Les températures annuelles mesurées à la base de l'atmosphère montrent des écarts importants en fonction de la latitude : à une zone chaude située entre les tropiques s'opposent des régions beaucoup plus froides, avec une diminution forte des températures au fur et à mesure que l'on se dirige vers les pôles. De plus, les températures de l'hémisphère nord sont plus chaudes que celles de l'hémisphère sud.

Pour expliquer ces déséquilibres, il faut prendre en compte à la fois des caractéristiques astronomiques (l'inclinaison de l'axe de la Terre sur le plan de l'écliptique) et des considérations géographiques.

Compte tenu de l'inclinaison du globe terrestre sur le plan de l'écliptique (23° 27′), la durée du jour et de la nuit varie sauf à l'équateur (chapitre I).

L'inclinaison de l'axe de la Terre implique que les rayons du soleil l'atteignent avec une obliquité variable. Toute l'année, entre les tropiques, le soleil ne s'écarte jamais de plus de 23° du zénith. Partout ailleurs, les rayons du soleil sont obliques et le sont d'autant plus en se rapprochant des pôles. Or, plus les rayons sont verticaux, plus ils illuminent une petite surface et donc plus l'échauffement y est important. La couche d'atmosphère traversée est minimale, les pertes de rayonnement sont donc réduites : l'échauffement est plus important entre les tropiques qu'hors des tropiques.

La transparence de l'atmosphère joue aussi un rôle dans l'échauffement du globe. Une forte couverture nuageuse renvoie une partie du rayonnement (albédo atmosphérique) : la zone équatoriale est ainsi moins échauffée qu'elle ne devrait, car elle a toujours une forte couverture nuageuse. L'albédo des surfaces du globe joue aussi un rôle non négligeable : les hautes latitudes où dominent la neige et la glace et où la mer est recouverte par la banquise ont un albédo* très fort et donc une grande déperdition énergétique. De même, la grande différence d'albédo entre la surface des océans et celle de continents marque de forts déséquilibres.

Les basses latitudes connaissent un gain de chaleur alors que les hautes latitudes ont un bilan très nettement déficitaire. Si rien ne contrebalançait cela, il devrait y avoir un échauffement permanent des basses latitudes et un refroidissement permanent des hautes latitudes. Or il n'en est rien. Le transfert de chaleur de l'équateur vers les pôles, et inversement le transfert de froid des pôles vers l'équateur maintient l'équilibre thermique du globe.

2 Les grands mouvements de l'atmosphère

Les mouvements de l'atmosphère sont dus à des causes thermiques, du fait de l'inégal échauffement des régions terrestres, et à des causes mécaniques, du fait de la rotation de la Terre et de la sphéricité du globe (encadré n° 6).

ENCADRÉ N° 6

La déviation de Coriolis

La rotation terrestre modifie la circulation atmosphérique, c'est la déviation de Coriolis. La force ou déviation de Coriolis s'applique à tout corps en mouvement à la surface de la Terre. Elle dévie les trajectoires vers la droite dans l'hémisphère nord et vers la gauche dans l'hémisphère sud. Elle est nulle à l'équateur et maximale aux pôles. Ceci est dû à la force d'inertie, qui traduit le fait qu'un mobile (une masse d'air) conserve sa vitesse de rotation acquise au-dessus de la région de départ. Une masse d'air survolant l'équateur a une vitesse linéaire maximale (elle parcoure 40 000 km en 24 h). Se dirigeant vers le nord, elle atteint un parallèle dont la circonférence est moindre. Aussi la vitesse linéaire est-elle plus faible si la vitesse angulaire est la même qu'à l'équateur (360° en 24 h), et donc la masse d'air qui a conservé sa vitesse initiale va-t-elle plus vite vers l'est que le parallèle qu'elle survole : elle est donc déviée vers sa droite.

a – Les mouvements horizontaux dans la troposphère : anticyclones, dépressions, vents et courants

Les mouvements horizontaux prennent des formes différentes en fonction de l'altitude. Dans les basses couches (jusqu'à 3 000 m), ces mouvements sont appelés des vents, alors que dans la haute troposphère on parle de flux et qu'à la limite de la tropopause, on parle de courant (les courants jets).

Les mouvements horizontaux sont liés à la distribution du champ de pression. La pression atmosphérique est le poids exercé par une colonne d'air sur une surface donnée. Elle se mesure en hectopascals (hPa), 1 hPa = 100 Pa (100 pascals). Elle est mesurée par un baromètre. La pression moyenne au niveau de la mer est de 1 015 hPa (encadré n° 7).

ENCADRÉ N° 7

Température et pression

Les molécules d'un gaz sont animées de mouvements incessants. En se heurtant, elles déterminent l'énergie interne du gaz. Cette énergie cinétique se traduit par un dégagement de chaleur. Un gaz comprimé voit ainsi une augmentation du choc des molécules et donc une augmentation de chaleur. Si le gaz subit moins de pression, les mouvements et donc les chocs diminuent et la température baisse. Ces variations de chaleur sans échange avec l'extérieur sont dites adiabatiques. Par conséquent, un air subsident se comprime et sa chaleur augmente, un air ascendant de dilate et sa température diminue.

On appelle « champ isobarique », ou « topographie isobarique », l'ensemble des figures, ou individus isobariques, que les isobares dessinent sur la carte (les isobares sont les lignes qui relient tous les points d'égale pression atmosphérique). Les plus importants sont les anticyclones* ou zone de haute pression (> 1 015 hPa) et les cyclones, qui sont des zones de basse pression (< 1 015 hPa) que l'on désigne du terme de dépressions* pour éviter toute confusion avec les cyclones tropicaux. Ils sont liés soit à la dynamique des masses d'air, soit à des effets thermiques, soit à la combinaison des deux (en ce cas ils sont particulièrement stables).

Les *individus isobariques thermiques* : comme l'air froid est lourd, il génère des anticyclones ; inversement, l'air chaud est léger et génère des dépressions. Ils sont le plus souvent saisonniers (ainsi l'anticyclone sibérien ou les dépressions estivales centrées sur l'Asie du Sud). Seuls les anticyclones qui surmontent les pôles sont permanents, car le froid polaire est continu. Comme l'air est tassé au sol, la pression diminue rapidement en altitude et ces anticyclones sont peu épais : on les dit pelliculaires. Ils sont surmontés par une dépression en altitude.

Les *individus isobariques dynamiques* naissent des mouvements de l'air. Lorsque l'air s'élève (ascendance), la pression diminue et une dépression se forme. Inversement, la subsidence entraîne la formation d'anticyclones. Ces individus isobariques n'auront pas une existence sur toute la hauteur de la troposphère. Une dépression née d'une ascendance, comme cela se produit à basse altitude à l'équateur, est surmontée d'un anticyclone d'altitude lié à l'accumulation de l'air ascendant.

Les *individus isobariques mixtes* sont à la fois thermiques et dynamiques. Ils sont très stables. Ainsi, un anticyclone dans les basses couches, lié à une subsidence d'air chaud (c'est le cas aux tropiques) se développe sur toute la hauteur de la troposphère, car l'air chaud perd très lentement sa pression en altitude. Cet anticyclone est à la fois épais et très stable, on parle de centre d'action de l'atmosphère*.

Les mouvements horizontaux sont commandés à la fois par le champ de pression, par l'influence de la rotation terrestre et par la rugosité du substrat. Les océans dont la surface est très peu rugueuse sont parcourus par des vents plus stables et plus rapides que ceux des continents.

Le vent est l'écoulement de l'air d'une zone de haute pression vers une zone de basse pression, ce qui aboutit à un rééquilibrage du champ de pression. Le vent devrait donc se diriger perpendiculairement à la force du gradient, mais il est détourné par la force de Coriolis. Il est dévié vers sa droite dans l'hémisphère nord et vers sa gauche dans l'hémisphère sud, sauf à l'équateur où la force de Coriolis est nulle et où le vent n'est donc pas dévié. Plus l'écart de pression (le gradient) entre l'anticyclone et la dépression est fort, plus le vent est fort.

Dans l'hémisphère nord, le vent tourne dans le sens horaire autour des anticyclones et en sens inverse autour des dépressions. La force de Coriolis et la force du gradient s'équilibrant, les vents s'écoulent parallèlement aux isobares (surtout à haute altitude, là où la rugosité du substrat n'intervient pas) : c'est le vent géostrophique.

Les individus isobariques se maintiennent pendant plusieurs jours, car les vents tournant autour, l'égalisation de pression se fait lentement. Leur espérance de vie est plus longue au-dessus des mers, à faible rugosité où les vents sont peu déviés et donc parallèles aux isobares. Lorsque la rugosité est forte (entre 500 et 1 000 m d'altitude, ce que l'on appelle la couche limite), la friction ralentit la vitesse du déplacement et la dévie. Les mouvements d'air dessinent un angle avec les isobares : ce sont à proprement parler les vents. Les individus isobariques vivent alors moins longtemps car ils se vident ou se remplissent plus rapidement.

Si la circulation est très fragmentée dans les basses couches de l'atmosphère, il n'en est rien à haute altitude (au niveau de la couche libre). La circulation est plus simple et beaucoup plus rapide, à la fois du fait de la diminution des frictions et de la faiblesse de la densité de l'air. Les vitesses peuvent dépasser couramment les 300 km/h pour les courants jets. On peut distinguer deux grands types de situations :

– les courants jets circulent d'ouest en est et sont très rapide, les météorologistes parlent de fort indice de circulation ;

– des poussées d'air froid ou d'air chaud font décrire de vastes méandres au courant jet et en ralentissent la vitesse. Les météorologistes parlent de faible indice de circulation. Un méandre qui amène de l'air froid dans les basses latitudes s'appelle une vallée, à l'inverse un méandre d'air chaud dans les hautes latitudes s'appelle une crête. Si les méandres s'accroissent et ne progressent plus, il y a une situation de blocage. Parfois un méandre peut se couper, il se crée alors une goutte froide à basse latitude ou bien une goutte chaude à haute latitude.

b – La structuration de la troposphère en cellules

Chaque zone climatique est parcourue par de grands vents à dominante zonale et tout déplacement méridien ne se fait que de façon fractionnée. Dans chaque hémisphère, la troposphère est animée par une circulation en trois cellules :

– une du tropique à l'équateur, nommée cellule de Hadley[1] ;

– deux pour les hautes latitudes : celle de la zone tempérée nommée cellule de Ferrel[2] et, entre le cercle polaire et le pôle, la cellule polaire.

Chacune de ces cellules présente une épaisseur différente : 15 à 17 km pour la cellule de Hadley, 10 à 12 km pour celle de Ferrel et à peine 6 pour la cellule polaire. L'altitude de la tropopause est d'autant plus élevée qu'elle surmonte une colonne d'air relativement peu dense, car très chaud. Ainsi le contact entre chaque cellule se fait par une différence de niveau très marquée.

C'est le lieu de courants très rapides : les « courants jets ». Le courant jet subtropical et le courant jet polaire sont orientés ouest-est. Ils sont très rapides, à cause des grandes différences de pression et de température entre les cellules. Entre les deux cellules de Hadley, le courant jet est moins marqué, moins rapide et orienté d'est en ouest.

L'intérieur de chaque cellule est animé par une circulation d'air qui relie les basses couches de l'atmosphère au sommet de la troposphère, formant ainsi un circuit.

Dans les deux cellules de Hadley, l'air circule dans les basses couches des tropiques vers l'équateur : ce sont les alizés, vents d'est. Ils convergent à l'équateur : c'est la convergence intertropicale (CIT)* (voir croquis n° 3). Celle-ci entraîne une colonne ascendante d'air qui s'élève jusqu'à la tropopause, et une circulation inverse d'altitude de l'équateur vers les tropiques où il y a subsidence, c'est-à-dire affaissement de l'air sur les tropiques. Dans les cellules de Ferrel on observe un

1. George Hadley (Londres 1685-1768) est un physicien anglais. Il a proposé un modèle de circulation atmosphérique, la cellule de Hadley.
2. William Ferrel (1817-1891), météorologiste américain.

Croquis n° 3

La zone de convergence intertropicale : position en janvier et en juillet de l'équateur météorologique

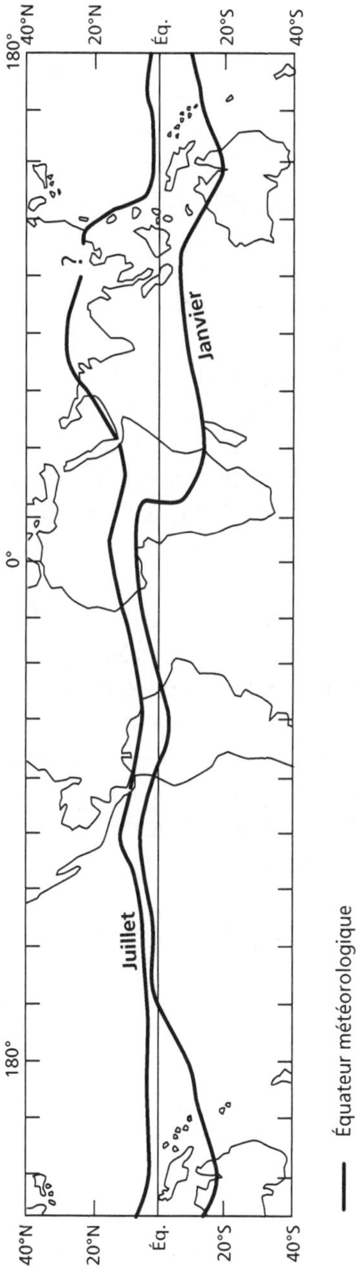

Source : d'après André Hufty, *Introduction à la climatologie*, Paris, Puf, « Magellan », 1976.

mouvement inverse, et de nouveau le circuit s'inverse dans les deux cellules polaires.

Les cellules sont mobiles tout au long de l'année. Durant l'hiver de l'hémisphère boréal, la cellule polaire se dilate et déplace tout le système au détriment de l'hémisphère austral qui connaît alors l'été. C'est l'inverse qui se produit lors de l'hiver austral où la cellule polaire, plus puissante car l'antarctique est plus froid, s'étale plus largement et repousse les autres cellules au nord de l'équateur.

Ces trois cellules déterminent le champ de pression de chaque hémisphère.

La rencontre entre les deux cellules de Hadley ne correspond pas avec l'équateur géographique : on parle d'équateur météorologique. Compte tenu de la puissance de la cellule polaire australe, l'équateur météorologique occupe plus longuement et plus largement l'hémisphère boréal, jusque vers 10° N, atteignant même le pied de l'Himalaya en Asie alors qu'il ne dépasse guère 5° S lors de l'hiver boréal (croquis n° 3). Cet équateur météorologique est une zone de basse pression, un marais barométrique, le fameux « pot au noir » des navigateurs. En revanche, en altitude, au niveau de la tropopause, on trouve des hautes pressions dues à l'accumulation de l'air.

La subsidence de l'air au niveau des tropiques détermine une augmentation de pression. Comme l'air est chaud, la diminution de pression avec l'altitude est lente et ces hautes pressions existent encore au niveau de la tropopause. Il se forme ainsi des anticyclones particulièrement stables, surtout sur les océans. Ce sont les anticyclones subtropicaux (AST).

Au pôle, la subsidence et le froid permanent entraînent également des hautes pressions quasi permanentes.

Le contact entre la cellule de Farrell et la cellule polaire donne lieu à une situation plus complexe. On distingue deux possibilités :

– parfois il y a confluence, à la base de l'atmosphère, entre les deux cellules : l'ascendance d'air ainsi produite se traduit par un déficit de pressions. On a alors des zones de basse pression, les dépressions, caractéristiques des latitudes subpolaires ;

– parfois, des coulées d'air froid issues du pôle se glissent sous les dépressions. Ces coulées d'air froid forment des zones de haute pression, qui peuvent rejoindre et renforcer les hautes pressions subtropicales.

c – Les mouvements verticaux de la troposphère

D'origine dynamique, souvent en liaison avec la circulation des cellules, ces mouvements verticaux sont lents ; lorsqu'ils sont dus à des causes thermiques, ce sont des mouvements rapides.

• Les mouvements lents

Ils ont souvent en relation avec la circulation générale mais peuvent aussi être générés par des situations locales.

La convergence peut être le fait d'une différence de rugosité du substrat. Ainsi, un flux d'air venant de la mer est ralenti par son arrivée sur le continent. Les masses d'air qui sont encore sur la mer circulant plus vite, elles rattrapent les masses déjà présentes sur le continent. Celles-ci sont forcées de s'élever. Au contraire, si un flux plus lent est devancé par un flux rapide, il y aura subsidence et donc divergence des masses d'air.

• Les mouvements rapides d'origine thermique

La température de la masse d'air est un élément essentiel de sa mobilité. Une molécule d'air chaud a tendance à s'élever, une molécule froide à rester stable. Tant qu'une molécule chaude se trouve dans un milieu plus froid, elle continue à monter. Dès qu'elle atteint un milieu de température égale, elle se stabilise. Plus froide que le milieu environnant, elle redescend.

Un air chaud a une tendance à l'instabilité et l'air froid à la stabilité. Or, le substrat détermine la température de l'air. La couche de base (1 000 m environ) est la plus sujette aux influences du substrat. Un sol gelé détermine ainsi une inversion thermique, les couches basses étant plus froides que les couches plus élevées, l'air est donc stable (fond des vallées montagnardes en hiver). Un sol surchauffé est au contraire favorable à une instabilité de l'air : ce dernier réchauffé à sa base s'élève, ce mécanisme est pluviogène (encadré n° 8).

ENCADRÉ Nº 8

Humidité et nuages

Dans un air non saturé en vapeur d'eau, le changement de température est de 1 °C pour 100 m. Si l'air est saturé, la variation de température sera moindre car le refroidissement adiabatique (sans échange avec l'extérieur) entraîne la condensation de la vapeur d'eau et la libération de la chaleur latente. La variation sera de 0,5 °C. On parlera d'adiabatique sèche dans le premier cas et d'adiabatique humide, ou de pseudo-adiabatique, dans le second cas. Les sondages montrent que la décroissance thermique est de l'ordre de 0,65 °C, ce qui s'explique par la très forte teneur en vapeur d'eau des quatre premiers kilomètres, qui en contiennent près des trois quarts. Le brassage continuel de la troposphère mêle l'air sec et l'air humide et aboutit à ce gradient moyen.
L'humidité de l'air s'exprime soit de façon absolue, soit de façon relative :

- L'humidité absolue exprime en grammes la quantité de vapeur d'eau contenue dans un m^3 d'air. Elle est directement fonction de la température de la masse d'air concerné. Plus la température est élevée, plus l'air peut contenir de vapeur d'eau.
- L'humidité relative est le rapport exprimé en % entre la quantité de vapeur d'eau contenue dans la masse d'air considérée et ce qu'elle pourrait contenir en fonction de sa température. Lorsque cette humidité est de 100 %, l'air est saturé.

La saturation de l'atmosphère peut provoquer la condensation et la formation de nuages. La saturation peut se produire soit par combinaison de deux masses d'air non saturées mais de température différente, soit à cause du refroidissement de la masse d'air par contact (passage sur un sol froid, passage de la mer au continent) entraînant la condensation. Le mécanisme le plus efficace est le refroidissement dynamique par ascendance.
La condensation est un phénomène complexe. La présence de noyaux de condensation (poussières, cristaux de sel, de glace, etc.) est indispensable. Dans un air pur où ces noyaux sont absents, la teneur en vapeur d'eau peut dépasser la saturation (jusqu'à 300 %) ; les précipitations sont alors particulièrement fortes et violentes.
Les nuages sont classés selon différents critères (forme, luminosité, altitude). Nous adopterons une classification en fonction de leur développement vertical.

Les nuages à développement vertical

Famille des cumulus, nuages bourgeonnants, blancs, ils peuvent avoir un développement vertical de grande ampleur (plusieurs milliers de mètres). Dans la zone équatoriale, ils peuvent atteindre la troposphère.

Ils sont la marque d'une forte instabilité de l'atmosphère et d'une ascendance vigoureuse. Avec une base noire et en forme d'enclume, on parle de nimbo cumulus, nuages sources d'orages violents et de fortes précipitations.

Les nuages en strates

Famille des stratus, de faible développement vertical, ils témoignent d'une moindre instabilité de l'atmosphère et sont souvent l'occasion de pluies fines et parfois tenaces. À haute altitude se trouvent les cirrus formés d'aiguilles de glace ; à l'étage moyen, les altostratus forment un voile gris ; à l'étage inférieur les stratus sont plus sombres. Une atmosphère plus agitée encore se marquera par la présence de stratocumulus ou de nimbo stratus, nuages bas et très sombres, annonce de pluies plus violentes.

3 Les grands traits de la circulation par zone géographique

a – Les masses d'air

Une masse d'air* est un très vaste volume d'air recouvrant une surface considérable, caractérisée par sa température, sa densité, son humidité et donc par un gradient vertical spécifique. Une masse d'air est homogène car elle a une origine et une histoire communes. Deux masses d'air différentes ne se mélangent pas mais ont tendance à s'affronter.

On parle de masse d'air et de centre d'action. Ces deux termes ne sont pas identiques : un centre d'action se définit par sa pression.

La classification tient compte des aires d'élaboration des masses d'air et permet d'abord de distinguer les *masses froides*, nées dans les anticyclones froids des hautes latitudes, qui présentent une forte inversion thermique. Celles qui sont nées au-dessus des pôles sont qualifiées d'arctiques, et celles qui naissent aux latitudes subpolaires (Canada et Sibérie) sont appelées polaires. Elles sont inexistantes dans l'hémisphère sud, trop océanique.

On trouve ensuite les *masses tièdes*, qui sont localisées au-dessus des océans, entre les latitudes subpolaires et moyennes.

Elles sont très chargées en vapeur d'eau et connaissent de forts processus convectifs. Elles sont appelées polaires maritimes et se localisent sur l'Atlantique nord et le Pacifique nord. Elles dominent sur l'immense océan austral.

Les *masses chaudes* enfin peuvent se décomposer en deux catégories :

– les masses d'air tropicales sont stables là où règne la subsidence. Elles peuvent absorber d'énormes quantités d'eau. Elles occupent de vastes surfaces continentales dans l'hémisphère nord (air tropical continental) et dominent sur les océans dans l'hémisphère austral (air tropical maritime) ;

– la masse équatoriale, difficilement identifiable, car il n'y a guère de différenciation thermique. Il faut y inclure les masses d'air correspondant à la mousson (voir *infra*).

b – L'influence terre-mer

Les masses d'air, du fait de leur lieu de formation et de leur parcours, reflètent les oppositions entre la mer et la terre. La répartition des températures à la surface du globe ainsi que les variations d'humidité créent des profondes disparités, qui contribuent à la création de fortes discontinuités et à la formation de masses d'air très différentes à l'origine de la circulation différenciée par zone géographique.

En matière de températures, l'opposition terre/mer est fondamentale. L'hémisphère boréal est beaucoup plus continental que l'hémisphère austral. Il est donc plus chaud et l'équateur thermique est reporté au nord de l'équateur géographique. En effet, l'océan montre une inertie thermique très forte due à la chaleur spécifique[1] de l'eau, qui est très supérieure à celle de la terre. Aussi faut-il plus de temps pour échauffer l'eau des océans que la terre. En contrepartie, il faut plus de temps pour que les eaux océaniques se refroidissent. L'agitation permanente de la surface des océans et des mers (les houles, les courants marins, etc.)

1. La chaleur spécifique est la quantité de chaleur nécessaire pour élever de 1° l'unité de masse d'une substance. Il faut 5 fois plus d'énergie pour élever de 1° une masse d'eau que la même masse de sol ou de roche.

explique que la chaleur est emmagasinée sur une grande épaisseur (plus de 50 mètres) alors que le sol s'échauffe ou se refroidit sur moins d'un mètre de profondeur et connaît des variations diurnes de températures. La surface des océans est le lieu de mécanismes d'évaporation et de condensation impliquant un transfert considérable d'énergie de la mer vers l'air.

Cette opposition générale se double d'une forte dissymétrie ouest-est qui diffère entre les zones des hautes latitudes et les zones intertropicales. Cette dissymétrie est due à la distribution des courants marins chauds et froids (voir chapitre II) :

– aux hautes latitudes, les côtes occidentales des continents ont des températures nettement plus élevées que ce qu'elles devraient avoir à ces latitudes (environ 3 à 4 °C) ;

– aux latitudes tropicales, la dissymétrie s'opère en sens inverse et les côtes occidentales ont des températures anormalement basses.

Ces variations de température et d'humidité ont des aspects dynamiques : les variations thermiques du sol créent des phénomènes thermo-convectifs (l'air chaud s'élève, l'air froid stagne). L'humidité des basses couches provoque une instabilité verticale.

c – La circulation zonale

• La zone polaire

La zone polaire se caractérise, tant pour la zone boréale que pour la zone australe, par la fabrication de l'air froid et la permanence d'un anticyclone pelliculaire qui dirige des vents d'est jusqu'au cercle polaire. Parfois des coulées d'air froid pénètrent au cœur des moyennes latitudes et peuvent parvenir jusqu'aux anticyclones subtropicaux, à la faveur des vallées dessinées par les courants jets lorsque la vitesse de ces derniers est faible.

• La zone tempérée

La zone tempérée correspond aux cellules de Farrell et présente les situations les plus complexes. Les grands flux d'ouest dominent, mais coexistent avec les descentes d'air polaire et les montées d'air d'origine tropicale. L'affrontement des masses d'air est le plus fréquent et donne naissance à la formation de fronts. Un front est une zone (et non une ligne) où s'affrontent deux masses d'air de température et d'humidité très différentes. Cet affrontement est pluviogène et génère une perturbation. Elle apparaît avec la pénétration d'un air chaud au sein d'un air froid (pour simplifier, de l'air polaire et de l'air tropical). C'est la discontinuité tempérée*. Ces perturbations ont été expliquées par les météorologues norvégiens Bjerknes et Solberg dans les années 1920, on parle ainsi de modèle norvégien. Le passage d'une perturbation au-dessus d'un lieu se déroule de la façon suivante : une masse d'air chaud s'avance sur une masse plus froide antérieure. Plus léger, l'air chaud bouscule difficilement l'air froid et s'élève au-dessus : c'est le front chaud, très faiblement incliné (1°). Cette lente ascendance détermine une condensation et l'apparition de nuages à développement horizontal : les cirrus annoncent l'arrivée de la perturbation et les stratus, lorsqu'ils couvrent tout le ciel, entraînent le plus souvent des précipitations fines. L'air froid postérieur est dense et lourd, il bouscule l'air chaud et le front froid dessine une pente vigoureuse (2°). La condensation est forte et les nuages à développement vertical (type cumulus) produisent des pluies plus intenses. Enfin passe le secteur postérieur froid avec un air subsident, un ciel plus dégagé dit de traîne marqué par des éclaircies de plus en plus importantes.

• La zone tropicale ou zone chaude

La zone tropicale est balayée par le grand flux dirigé par les anticyclones tropicaux et qui souffle vers l'équateur météorologique : c'est l'alizé, orienté nord-est/sud-ouest dans l'hémisphère nord et sud-est/nord-ouest dans l'hémisphère sud. Au niveau des tropiques, l'alizé issu des hautes pressions subsidentes est particulièrement sec et détermine les grands déserts zonaux, puis il se charge de plus en plus d'humidité et, lors de la convergence et de l'ascendance à l'équateur, déverse des précipitations très abondantes. La mousson est une variante de l'alizé de l'hémisphère sud. Comme l'équateur météorologique est au nord de l'équateur géographique durant la saison d'été, l'alizé de l'hémisphère sud en franchissant l'équateur géographique est dévié par la force de Coriolis et devient un vent de sud-ouest, la mousson. Elle est aspirée par les basses pressions thermiques de l'Asie dont le sol surchauffé contraste avec la relative fraîcheur des océans.

④ Les grands climats du globe (croquis n° 4)

Il existe de nombreuses classifications de climats mais aucune ne s'est totalement imposée, ce qui souligne la complexité des phénomènes dont il faut rendre compte. Nous prendrons pour ligne directrice les critères qui suivent.

La latitude est l'élément fondamental de la répartition des climats et l'analyse zonale est primordiale. Nous étudierons les climats selon les trois grandes zones : froide, tempérée et chaude. La zonalité s'estompe parfois devant l'influence des océans, de la continentalité ou celle de l'altitude qui s'impose en tous lieux du globe. Les ambiances climatiques sont alors plus marquées par ces facteurs originaux. Ainsi les montagnes, les déserts, les marges continentales des océans.

Avec J.-P. Vigneau, on appelle ces ambiances transzonales et non azonales car l'influence de la latitude, même très atténuée, est toujours présente.

a – Les climats de la zone polaire

Les deux zones polaires recouvrent environ 15 % de la planète (10 % pour l'Arctique, 20 % pour l'Antarctique). Elles sont très différentes. Celle de l'hémisphère boréal est un océan, l'Arctique, en grande partie recouvert par la banquise et cerné par une ceinture continentale discontinue. Excentré par rapport au pôle, le Groenland est un inlandsis (calotte glaciaire) de 1,8 million de km^2. Dans l'hémisphère austral, l'Antarctique est un inlandsis de taille continentale (12,5 millions de km^2) entouré par l'océan austral.

Ces deux domaines présentent des caractères climatiques communs :

Croquis n° 4

Carte des climats des continents du globe

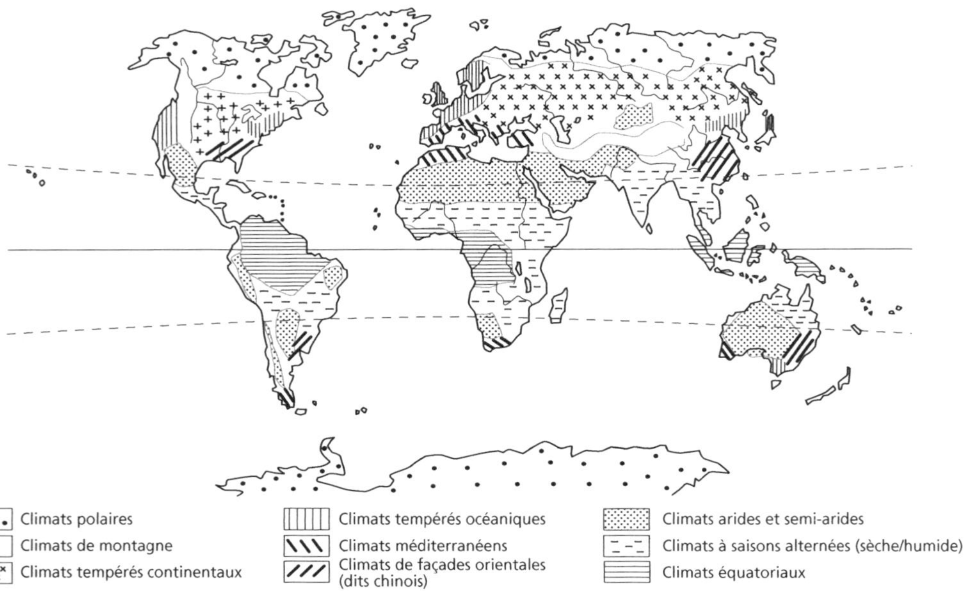

Source : d'après Pierre Pech et Hervé Regnauld, *Géographie physique*, Paris, Puf, 1992.

– ils organisent le champ de pression en créant par leur bilan radiatif négatif un anticyclone pelliculaire permanent centré sur le pôle ;

– l'albédo très important réduit l'impact des rayons solaires. La neige et la glace sont donc à la fois cause et effet du froid (effet de rétroaction) ;

– originalité du cycle nycthéméral : 6 mois de jour et 6 mois de nuit au pôle, au cercle polaire un jour de 24 heures lors du solstice d'été, une nuit de 24 heures lors du solstice d'hiver ;

– l'existence de vents violents, même au cœur de l'anticyclone : ce sont des vents de gravité. Amorcés par la moindre pente, ils peuvent atteindre des vitesses allant jusqu'à 300 km/h ;

– les précipitations sont faibles dans l'ensemble, majoritairement neigeuses mais les chutes de pluie sont présentes sur les marges.

L'Antarctique est le domaine le plus froid du globe. D'avril à septembre, les températures sont inférieures à - 50 °C. La température la plus basse observée est de - 89,6 °C. Les moyennes mensuelles sont toutes négatives. Les précipitations sont très faibles, moins de 50 mm/an au centre de l'Antarctique.

L'Arctique est lui aussi le domaine du froid mais les températures sont moins sévères. L'hiver, sur les sommets du Groenland, les minima atteignent - 45 °C, et les moyennes hivernales sont de - 25 °C. L'été, la température de l'air se situe autour de 0 °C. Les précipitations sont inférieures à 100 mm au cœur du Groenland.

Les climats des marges des inlandsis sont plus diversifiés. La température annuelle est encore négative pour les marges de l'Antarctique, alors que celles de l'Arctique sont proches de 0 °C avec des variations d'amplitude fortes entre un court été où les moyennes sont positives et des hivers qui demeurent très rudes (rives canadiennes et russes). Les précipitations sont également plus abondantes (500 mm) dans les deux cas.

b – Les climats de la zone chaude

Elle correspond à la zone intertropicale même si parfois les limites ne sont pas aussi nettes (cas de l'Inde des moussons). Elle couvre 40 % de la surface du globe et se caractérise par l'absence d'un hiver thermique et par la relative égalité des jours et des nuits. Les critères communs sont nombreux.

L'amplitude thermique annuelle est faible alors que la variation diurne est forte. La différenciation des domaines climatiques provient des énormes inégalités pluviométriques, de la sécheresse des déserts aux précipitations de la mousson indienne.

Cette zone a le plus fort bilan radiatif et pourvoit en énergie le reste du globe. Elle participe donc aux échanges méridiens. Elle correspond aux deux cellules de Hadley, dont le balancement saisonnier détermine l'équateur météorologique : ses variations jouent un rôle essentiel.

Nous distinguerons deux grands types de climats : les climats tropicaux à saison alternée et le climat équatorial sans saison sèche. Les climats désertiques situés aux limites de la zone seront étudiés avec les climats transzonaux.

• Les climats tropicaux à saisons alternées

Il faut distinguer les zones où domine l'alizé de celles où domine la mousson, qui sont déterminées par la position de l'équateur météorologique dans l'hémisphère nord en juillet-août et dans l'hémisphère sud en janvier-février. Comme les oppositions continents/océans jouent un rôle essentiel dans cette translation, il faut considérer trois ensembles géographiques.

L'Asie du Sud et l'Asie du Sud-Est présentent une grande interpénétration entre la terre et la mer. L'affrontement entre ces deux influences donne une force particulière à la mousson. C'est en Inde que l'équateur météorologique remonte le plus loin vers le nord. L'alizé austral survole alors un océan aux eaux très chaudes et se gorge de vapeur d'eau, ce qui provoque des précipitations très abondantes (jusqu'à 11 000 mm) encore renforcées par la barrière montagneuse de la chaîne himalayenne. En hiver, l'alizé du nord-est balaye une grande surface du continent et est donc particulièrement sec.

L'Afrique présente la plus grande diversité de nuances climatiques, car elle se répartit équitablement de part et d'autre de l'équateur. La saison des pluies est de durée très variable (de 3 mois minimum à plus de 7 mois), centrée sur le solstice d'été.

Les précipitations vont de 500 mm pour le domaine le moins arrosé à plus de 2 000 mm. Cette saison est fonction de l'avancée plus ou moins importante de la mousson qui suit le déplacement de l'équateur météorologique. Aussi observe-t-on une répartition en bandes parallèles depuis le golfe de Guinée jusqu'aux abords méridionaux du Sahara. Cette distribution est moins régulière dans la partie australe où la pénétration de l'alizé boréal est moindre.

En Amérique tropicale, la variation de l'équateur météorologique est moins marquée et à latitude égale les précipitations sont beaucoup plus importantes qu'en Afrique. Notons la particularité du Nordeste brésilien qui, bien que proche de l'équateur, connaît une sécheresse marquée et une très grande irrégularité de précipitations.

- **Le climat équatorial**

Il concerne les régions des basses latitudes et se caractérise par la constance de sa chaleur et de ses précipitations. La moyenne annuelle oscille entre 26 et 27 °C, les écarts entre les moyennes mensuelles n'excédant jamais 3 °C.

L'humidité relative est toujours considérable (> 77 %) toute l'année. Les précipitations sont supérieures à 1 500 millimètres et aucun mois ne reçoit moins de 50 à 60 millimètres. Aussi l'évapotranspiration demeure-t-elle tout au long de l'année inférieure à l'apport pluvial. Les volumes maximaux (> à 3 000 mm) ne concernent que l'Indonésie, de petites parties de l'Amérique andine (bassin amazonien, versant est des Andes, Guyanes) et en Afrique le golfe de Guinée. Si la zone ne connaît pas de saison thermique, on observe des nuances dans le régime des précipitations : en Afrique, il y a un double maximum entre avril et mai et entre septembre et octobre, alors qu'en Amérique du Sud et en Indonésie, les dates des maximums sont plus diverses, de janvier à avril.

Les pressions sont basses toute l'année. Elles correspondent à la convergence intertropicale et à la très forte ascendance qui en résulte. C'est une zone de marais barométrique. La couverture nuageuse très importante réduit l'ensoleillement.

c – Les climats de la zone tempérée

Ils sont largement influencés par les flux venant de la face septentrionale des AST (anticyclones subtropicaux), par les descentes d'air polaire et par la répartition des terres et des mers. La circulation des vents d'ouest domine. La palette de climats est très importante, notamment dans l'hémisphère nord. Trois grandes ambiances climatiques se partagent ce vaste espace : le climat océanique, le climat continental et le climat méditerranéen.

• Le climat océanique

Concernant les façades occidentales des continents, il est très largement représenté en Europe (du 40e parallèle au cercle polaire). L'influence de l'océan est ici prédominante, portée à la fois par les grands vents d'ouest et par les courants marins apportant la chaleur des tropiques (voir chapitre II). Ces climats ont une grande extension en latitude (de l'Islande au littoral portugais) et un faible développement zonal (moins de 300 km dans les cas les plus favorables). Leurs traits communs sont nombreux :

– les températures sont fraîches en été (entre 11 et 17 °C selon la latitude, le mois le plus chaud étant août et non juillet), l'hiver est doux (entre 5 et 9 °C, le mois le plus froid étant février). L'amplitude est comprise entre 9 et 13 °C. Le nombre de jours de gel est faible (toujours inférieur à 15) ;

– les précipitations sont abondantes et très régulièrement réparties au long de l'année, avec un maximum d'automne et d'hiver. Il pleut entre 180 et 300 jours par an selon la latitude, et les totaux varient de 650 mm (Copenhague) à plus de 2 000 mm (Valentia en Irlande). Les pluies sont fines et tenaces (crachin breton) ;

– les vents sont fréquents, parfois très violents, à dominante d'ouest (tempêtes avec des vitesses de plus de 150 km/h en bordure du littoral (pointe de Penmarc'h en Bretagne) ;

– les types de temps varient très rapidement, ce qui est lié au passage des perturbations d'une durée moyenne de 3 à 6 jours. Les ciels changeants sont une particularité de ces climats.

La très grande extension en latitude permet de différencier plusieurs variétés de climats océaniques. On en distingue trois principaux :

– un climat océanique frais : les pays proches des zones subpolaires ont des hivers froids et des étés frais (Islande, littoral norvégien, Colombie britannique, sud du Chili) ;

– un climat caractéristique de la Bretagne, d'où son nom de « breton » avec des hivers tièdes (8 °C) et des étés encore timides (18 °C) : ainsi en Tasmanie, Nouvelle-Zélande, etc. ;

– un climat océanique chaud, où le gel devient exceptionnel et les étés sont chauds (> 20 °C) : ainsi le littoral portugais, le Chili central.

Le continent eurasiatique connaît une situation particulière, un climat de transition dit climat océanique dégradé. (Il n'y a pas d'obstacles montagneux sérieux aux flux maritimes d'ouest.) Cette transition se traduit par une augmentation de l'amplitude thermique, du nombre de jours de gel, une diminution des précipitations (le Bassin parisien : moins de 600 mm/an) et un régime pluviométrique avec deux maxima (hiver, été).

• Le climat continental

Le climat continental se définit par une forte amplitude thermique, des précipitations faibles (< 500 mm) avec un maximum d'été prononcé et un minimum d'hiver. Le nombre de jours de gel est important (> 180). Les saisons intermédiaires, printemps et automne, sont brèves. Ces caractéristiques soulignent que les influences de l'océan sont réduites voire nulles pour les régions les plus éloignées, telle la Sibérie orientale. Ce climat couvre d'immenses espaces en Amérique du Nord et en Eurasie. Il est quasiment absent de l'hémisphère sud sauf dans la Pampa argentine.

Il offre une certaine diversité dont le gradient est fonction de l'éloignement de l'océan (continent eurasiatique) ou de la présence de barrières montagneuses ; ainsi les Rocheuses au Canada et aux États-Unis.

Il y a trois nuances : le climat continental modéré, qui règne dans l'Europe orientale et en Ukraine, le climat continental vrai, au Canada, aux États-Unis et dans une grande partie de la Sibérie (occidentale et centrale), et le climat hyper-continental (Sibérie orientale). Le passage d'une variété à l'autre se traduit par une aggravation des conditions climatiques : les hivers sont de plus en plus longs, les températures moyennes hivernales vont de - 4 °C/ - 12 °C en Pologne, en Ukraine et dans les grandes plaines nord-américaines, jusqu'à - 45 °C pour le climat hyper-continental de Sibérie orientale. Les étés sont brefs mais connaissent des températures élevées (de 18 à 25 °C). Les précipitations sont irrégulières et de plus en plus faibles (de 500 mm à moins de 250 mm). L'amplitude thermique est très forte, les extrêmes les plus importants ont été observés à Iakoutsk avec 40 °C en été et - 70 °C en hiver !

Les façades orientales des continents de l'hémisphère boréal ont un climat original parfois nommé « climat chinois » : les températures ont un régime de type continental, des hivers froids et des étés très chauds, avec des précipitations abondantes proches d'un régime océanique (de 800 à 1 000 mm/an).

• Les climats méditerranéens

Situés entre le 30e et le 40e parallèle, ils sont en position littorale sur les franges occidentales des continents (en Afrique dans la région du Cap, dans le sud-ouest australien, en Californie et au Chili central). Seul le climat éponyme du bassin de la méditerranée présente une grande extension zonale qui lui confère une certaine diversité.

Ce climat se définit par la chaleur et la sécheresse des étés, et par un ensoleillement qui atteint les 3 000 heures annuelles. Les hivers sont doux, les jours de gel rares (moins de 10 jours/an). Les amplitudes thermiques sont modérées (entre 12 et 15 °C). Le régime pluviométrique a deux maximums : un d'automne et un de printemps. Les précipitations se concentrent sur un petit nombre de jours (moins de 60), souvent sous forme d'orages violents. Leur total diminue d'ouest en est (de 750 mm à Nice à 400 mm à Athènes).

Ce climat, si attractif pour le tourisme estival, n'est pas sans brutalité : violences des averses génératrices de crues soudaines, force des vents locaux (le mistral, la tramontane), longueur de la sécheresse. Le climat est sous l'influence des AST (anticyclones subtropicaux) qui, présents en été, donnent chaleur et sécheresse tandis que leur recul en hiver laisse le passage aux dépressions issues de l'Atlantique.

d – Les climats transzonaux

Nous qualifions de transzonal un climat dont les caractéristiques se retrouvent dans différentes zones climatiques et semblent donc échapper aux contraintes de la latitude. Celle-ci donne cependant la trame générale.

• Le climat montagnard

Il partage un certain nombre de caractéristiques communes qui lui donnent son originalité.

L'altitude entraîne la diminution de la température et de la pression parallèlement à l'augmentation des précipitations et de la neige, d'où l'étagement de la végétation. Ses limites altitudinales varient fortement avec la latitude (la limite des neiges éternelles est de 500 mètres en zone subpolaire, contre plus de 5 000 mètres à l'équateur).

La montagne faisant obstacle aux flux aériens (surtout lorsqu'elle leur est perpendiculaire), l'ascendance forcée déclenche des précipitations fortes (les pluies orographiques[1]) alors que le versant opposé (le versant sous le vent) subit un vent particulier, plus sec et chaud (l'air en redescendant le long de la montagne se tasse, se comprime, donc s'échauffe) : c'est l'effet de Foehn.

Aux latitudes moyennes et hautes, les versants présentent de fortes oppositions d'exposition, l'ubac est plus froid (versant nord ou ouest) et l'adret est plus chaud et ensoleillé (versant sud ou est).

1. Orographique : qui a trait aux reliefs montagneux ou à l'étude de leur agencement.

• Les climats désertiques

Les climats désertiques se retrouvent aussi bien aux latitudes tropicales qu'aux latitudes moyennes. Il existe des déserts chauds et des déserts à hivers froids (ceux de la zone tempérée). Les déserts chauds de la zone tropicale se situent à hauteur des AST (anticyclones subtropicaux). Seules les façades orientales des continents ne connaissent pas de déserts.

Le bilan hydrique déficitaire résulte de l'insuffisance des précipitations (< à 250 mm/an) et de l'importance des prélèvements dus à l'évaporation qui est la marque des déserts.

• *Les déserts subtropicaux*

Les régions centrales sont particulièrement chaudes (+ 50 °C à midi), leurs précipitations, très faibles (< 20 mm/an) et irrégulières, sont parfois absentes pendant plusieurs années (centre du Sahara). Il n'y a pas de régime pluviométrique, aucune période de l'année n'apparaissant privilégiée.

Les marges ont des climats moins sévères et plus contrastés. Les précipitations sont comprises entre 80 et 200 mm, elles ont lieu en hiver sur les marges tempérées, en été sur les marges tropicales. Les marges tempérées ont un hiver (températures diurnes de 15 °C), pas les marges tropicales. Les précipitations très faibles des marges occidentales des déserts sont compensées par des précipitations occultes (brouillards et rosée) dues à la proximité de l'océan.

• *Les déserts du domaine tempéré*

Ce sont des déserts d'abri. Les grandes chaînes de montagnes méridiennes empêchent les influences océaniques de s'exercer : les Andes sont à l'origine du désert de Patagonie ; en Asie, un espace aride se développe de la Caspienne à la Mongolie, ensemble abrité par les massifs du Pamir, Tian Chan, etc. La position en latitude et très souvent l'altitude font que ces déserts ont des hivers froids alors que les étés sont brûlants.

• *Les déserts côtiers*

Il s'agit de déserts liés à la présence de courants marins froids (*upwelling*)[1], sur les côtes du Pérou et du Chili. Les conditions de l'hyperaridité (Antofagasta au nord du Chili) peuvent s'y retrouver, mais en général l'air est saturé d'humidité, les brouillards sont fréquents ainsi que les rosées.

• **Les marges continentales des océans**

Sur une étroite lisière (une dizaine de kilomètres), l'influence de l'océan est primordiale. Elle se marque par l'atténuation des écarts de température, par une humidité relative toujours élevée, des précipitations fortes (hormis les côtes longées par les courants froids). La fréquence des vents violents fait obstacle à la végétation arborée, c'est le domaine de la prairie ou de la lande.

CONCLUSION

Au-delà de la diversité des climats, il faut souligner qu'il s'agit d'un système où tous les éléments constitutifs interagissent et réalisent des équilibres fragiles : les types de temps. Or l'homme, par ses activités, intervient et modifie la composition de l'atmosphère : accroissement massif de l'émission de CO_2, imperméabilisation des sols et modification du cycle de l'eau, etc. Depuis que l'on dispose de relevés de températures, on observe une élévation de la température du globe : de 1889 à 2000, elle s'est accrue de 0,6 °C. Les glaciers des montagnes reculent, la banquise de l'Arctique se rétracte, le niveau de la mer s'élève. Il y a aussi une recrudescence des tempêtes et des sécheresses, ou des précipitations anormalement élevées. Toutes ces observations ne concernent pas l'ensemble du globe, chaque région présentant des évolutions différentes et des rythmes distincts, mais posent la question du changement climatique.

1. Remontée d'eaux froides des profondeurs.

Remarquons que le climat n'a jamais été une donnée stable dans l'histoire de la Terre. Pour en rester aux périodes les plus récentes, les périodes de glaciation et de déglaciations ont alterné, modifiant considérablement le climat et la géographie terrestre (extension des inlandsis jusqu'aux grands lacs américains ou sur la partie nord de l'Europe). À l'époque historique, en Europe tout au moins, on peut discerner deux grands épisodes de changement climatique : l'optimum climatique du XIe au XIIIe siècle, où les températures moyennes étaient supérieures d'au moins 1 °C, puis une dégradation du climat avec de fortes baisses des températures au XVIIe et début du XVIIIe siècle. Les gelées sont tardives, les fleuves gèlent, lors de la Révolution française le vin gèle dans les récipients : c'est le petit âge glaciaire.

Les explications de ces modifications sont complexes et encore très mal connues. Les épisodes de grandes glaciations ont été expliqués par des facteurs astronomiques (les cycles de Milankovitch[1]). Les variations de température sont aussi dues à des phénomènes naturels comme les explosions volcaniques très violentes qui peuvent, par leurs projections, masquer partiellement le rayonnement solaire. L'influence des variations de l'océan semble très importante mais elle est encore très mal appréciée, même si les recherches se focalisent sur les variations de l'inertie océanique.

La question actuelle porte sur le rôle de l'homme et les risques qu'il fait encourir à la planète. Le débat est devenu politique autant que scientifique et cela n'aide pas à apporter une solution aux questions posées. Le GIEC[2] a été créé en novembre 1988, à la demande du G7 (aujourd'hui G20), par deux organismes de l'ONU : l'organisation météorologique mondiale (OMM) et le programme des Nations unies pour l'environnement (PNUE). Il doit préciser les évolutions du climat et promouvoir des solutions pour limiter l'impact des actions humaines sur celui-ci. Jusqu'à présent,

1. Géophysicien serbe (1879-1958), Milankovitch montre que les glaciations correspondent à des périodicités qui sont corrélées avec des variations de l'excentricité de l'orbite terrestre l'orbite, de l'inclinaison de l'axe de rotation de la Terre (l'obliquité) la précession (ou rotation de cet axe).
2. GIEC : Groupe d'experts intergouvernemental sur l'évolution du climat.

en dépit de moyens considérables, le programme mondial de recherche sur l'évolution climatique s'est heurté à des difficultés encore trop nombreuses pour apporter des réponses certaines. Ces difficultés majeures sont au nombre de trois : validité des modèles physiques, relations océan/atmosphère encore insuffisamment comprises, et les inconnues du cycle du carbone. Si l'influence de l'homme paraît certaine, c'est sa part dans le changement climatique et la question des échelles* spatiales et temporelles du changement et de ses impacts qui font débat et restent à définir.

Bibliographie

GODARD Alain et TABEAUD Martine, *Les Climats. Mécanismes et répartition*, Paris, Armand Colin, 1993.

VIGNEAU Jean-Pierre, *Géoclimatologie*, Paris, Ellipses, 2000.

DEUXIÈME PARTIE

La lithosphère

- I. Notions indispensables de géologie
- II. La géomorphologie
- III. L'érosion

I. Notions indispensables de géologie

Toute forme de relief à la surface de la Terre (y compris sous-marin) est le résultat de la nature des roches (la lithologie) et de leur disposition (la tectonique), qui sont les domaines d'étude des géologues. Pour l'analyse et l'explication des formes du relief (objet de la géomorphologie), le géographe a besoin de connaître les bases de la géologie.

1 Les données de la lithologie

La croûte terrestre, objet de la géomorphologie, est constituée d'une grande diversité de roches. Classées en fonction de leur origine, on peut en distinguer trois grands types :

– les roches dites magmatiques résultent du refroidissement d'un magma et se forment donc en profondeur. Il s'agit typiquement du granit formé d'un assemblage de cristaux de quartz et de feldspaths ;

– les roches dites sédimentaires résultent de la désagrégation des roches exposées aux infiltrations, au ruissellement et à l'action du vivant ;

– les roches dites métamorphiques résultent de la transformation des roches précédentes sous l'effet de la pression ou de la température. C'est le cas typique du schiste.

a – Les roches magmatiques

Elles se distinguent par leur agencement (on parle de structure de la roche), structure révélatrice de leur origine.

On trouve d'une part les *roches plutoniques* qui, formées à grande profondeur, se sont très lentement refroidies. Elles sont entièrement cristallisées. La roche est grenue si les minéraux sont de taille égale. Si les minéraux sont très petits, on la dit aplitique. Si au contraire ils sont très gros, on parle de structure pegmatitique. Si les cristaux sont de taille très inégale, la structure est porphyroïde. Ces variations jouent un grand rôle dans la résistance de la roche à l'érosion.

D'autre part, les *roches volcaniques* connaissent un refroidissement très brutal (de quelques heures à quelques jours) et ne présentent pas de structure cristallisée. Elles sont vitreuses.

La composition chimique des roches magmatiques est complexe, mais la silice est le minéral prépondérant. Sa teneur permet de classer les roches en deux grands domaines :

– les roches acides (plus de 65 % de silice) : granit, rhyolite ;

– les roches basiques (moins de 52 %) : basaltes, gabbros.

Entre ces deux derniers types existent des roches intermédiaires comme les andésites.

La présence d'oxydes ou de sulfures colore les roches : la prépondérance des oxydes donne des roches claires (leucocrates), les sulfures donnent une couleur plus foncée (mélanocrates). Les premières sont, en général, plus résistantes à l'érosion que les autres.

• Les roches magmatiques plutoniques

Parmi ces roches, le granit est le constituant essentiel de la lithosphère continentale. Il présente deux modes de gisement.

Le premier mode de gisement se présente sous forme de batholite, dôme tranchant nettement les roches encaissantes. Lors de leur formation, leur toit, c'est-à-dire leur sommet, se situe entre 600 et 6 000 mètres de profondeur. C'est le soulèvement de la croûte (lors de la formation d'une chaîne de montagne ou au contraire lors de sa destruction) qui les fait affleurer.

Le second mode, sous forme de vastes ensembles régionaux, forme de grands massifs (le Limousin, la Bretagne Sud) où la transition avec les roches avoisinantes se fait graduellement, sur de longues distances.

• Les roches volcaniques s'observent sous deux formes à la surface du globe

Soit les laves et projections (on parle de matériel pyroclastique) constituent des reliefs autour du point d'émission : ce sont les édifices volcaniques qui prennent des formes diverses (cônes, dômes ou encore stratovolcans résultant de l'alternance entre les dépôts de laves et de pyroclastes). Leur diamètre et leur altitude peuvent être considérables (2 549 m au Mont Saint Helens aux États-Unis).

Soit les laves s'écoulent à partir de fissures : il n'y a alors pas d'appareil volcanique. Les laves se répandent en d'immenses nappes recouvrant des superficies considérables, ainsi les trapps* du Deccan (Inde). Ces laves sont très fluides et les coulées se superposent, pouvant atteindre plus de 2 000 mètres d'épaisseur.

b – Les roches métamorphiques

Ces roches ont subi des transformations sous l'effet de la pression et de températures bien différentes de celles de leur naissance. Ainsi, des sédiments entraînés par la convergence des plaques à de grandes profondeurs subissent des transformations, d'où leur nom de métamorphiques. On parle aussi de façon générale de roches cristallines.

La composition pétrographique des roches métamorphiques est liée à leur origine et à l'intensité de la transformation. Une argile peu transformée donne des schistes, le calcaire se transforme en marbre, le grès en quartz. Leur degré de résistance tient à la fois à l'importance de la silice qu'elles contiennent et au stade de la cristallisation. On parle de métamorphisme régional lorsqu'elles sont très étendues en surface, et de métamorphisme de contact lorsqu'elles entourent un batholite (celui de Flamanville en Normandie par exemple). L'auréole ainsi dessinée est alors composée de coréennes, roches très résistantes.

c – Les roches sédimentaires

Elles naissent du dépôt (sédimentation) des débris des roches endogènes. Ce dépôt se fait en milieu marin, lacustre ou continental. Elles résultent aussi de la précipitation d'éléments dissous dans les eaux ou de constructions biologiques (les coraux). Elles ne représentent qu'une très faible partie du volume de la croûte terrestre (environ 5 %), mais recouvrent près de 75 % de sa surface. Parfois discontinue, leur épaisseur est faible et dépasse rarement 10 000 mètres.

Ces roches se caractérisent par une très grande variété (calcaire, argile, marnes, grès, gypse, etc.), tantôt meubles (sable) ou cohérentes (grès), perméables (calcaire) ou imperméables (argile), poreuses ou non, très dures (certains calcaires) ou très friables. Selon leur composition minéralogique, les sédiments seront siliceux (silex de la craie), carbonatés, argileux ou gréseux.

Une fois déposés, ces sédiments se transforment en roches sédimentaires consolidées, sous l'action complexe de trois facteurs : biologiques, physiques et chimiques. C'est la diagénèse. Trois familles de roches représentent 99 % du total des roches sédimentaires : les argiles, les sables et les calcaires. Chaque roche présente un aspect particulier dû à sa composition minéralogique, et parfois à la présence de fossiles : c'est le faciès.

Résultat d'une accumulation, les roches sédimentaires se présentent sous forme de strates empilées parallèlement les unes aux autres. Selon le substrat, elles sont horizontales ou inclinées. Si le dépôt se fait sans interruption, elles constituent une série continue : on dit que cette série est concordante. Si le dépôt cesse pendant un certain temps (par exemple, un courant marin peut, par sa turbulence, empêcher le dépôt), la série est incomplète : on dit qu'il y a une lacune. Une émersion peut entraîner l'érosion de la partie supérieure du dépôt : on dit qu'il y a une discordance. Enfin, si un mouvement de terrain interrompt le dépôt et déforme les couches, la reprise de la sédimentation se fait par une discordance angulaire.

Le principe de superposition des couches permet d'établir une chronologie : toute couche est antérieure à celle qui la surmonte et postérieure à celle qu'elle recouvre. L'existence de fossiles végétaux ou animaux (lorsqu'ils sont caractéristiques et présents sur une vaste surface) permet d'établir des corrélations entre les différents sites contenant les mêmes fossiles. Ainsi se construit l'échelle stratigraphique. Cette chronologie relative détermine des étages stratigraphiques. Un ensemble d'étages compris entre une transgression (élévation) et une régression (baisse) marine forment une série. Plusieurs séries forment un système. Les systèmes sont répartis entre les quatre grandes ères géologiques (encadré n° 9 et croquis n° 5).

ENCADRÉ N° 9

Petite histoire très simplifiée de la Terre

De 4 500 Ma à 550 Ma se déroule le Précambrien, période la plus longue de l'histoire de la Terre et aujourd'hui découpée en trois systèmes : Hadéen, Archéen et Protérozoïque. La vie était déjà bien développée à l'Archéen sous forme bactérienne. Toute cette ère est marquée par une abondante production magmatique (près des trois quarts du volume) de la croûte continentale à partir du manteau.

De 540 Ma à 245 Ma, l'ère Primaire ou Paléozoïque est celle où la vie macroscopique explose. Cette ère est marquée par deux épisodes d'orogénèse*, avec à son début le plissement cadomien et à sa fin le plissement hercynien (Appalaches, Massif central, Oural). L'ère se termine avec la grande crise biologique du Permien, marquée par la disparition de près de 80 % des espèces vivantes. Il existe alors un supercontinent, la Pangée.

De 245 Ma à 65 Ma, on trouve l'ère Secondaire ou Mésozoïque, marquée par la naissance des océans actuels. La Pangée va se fragmenter au cours du Jurassique (180 Ma). C'est aussi une période d'intense sédimentation, avec la formation de nombreux bassins. L'ère se termine par la grande crise du Crétacé-Tertiaire avec la disparition, entre autre, des dinosaures.

De 65 Ma à 1,5 Ma, le Tertiaire ou Cénozoïque est divisé en deux périodes : le Paléogène et le Néogène. C'est le moment de l'orogénèse alpine.

Le Quaternaire, de 1,5 Ma à nos jours, longtemps reconnu comme une ère (celle de l'apparition de l'homme), est considéré aujourd'hui comme un système du Cénozoïque. Il se divise en deux périodes : le Pléistocène, caractérisé par de grandes glaciations entrecoupées d'interglaciaires avec plus d'une dizaine d'épisodes, rythmés par des mouvements de transgression et de régressions marines. L'Holocène, qui débute à la fin de la dernière glaciation, remonte à moins de 10 000 ans (transgression flandrienne). Nous sommes actuellement dans un interglaciaire chaud.

Croquis n° 5

La dérive des continents au cours de l'histoire géologique

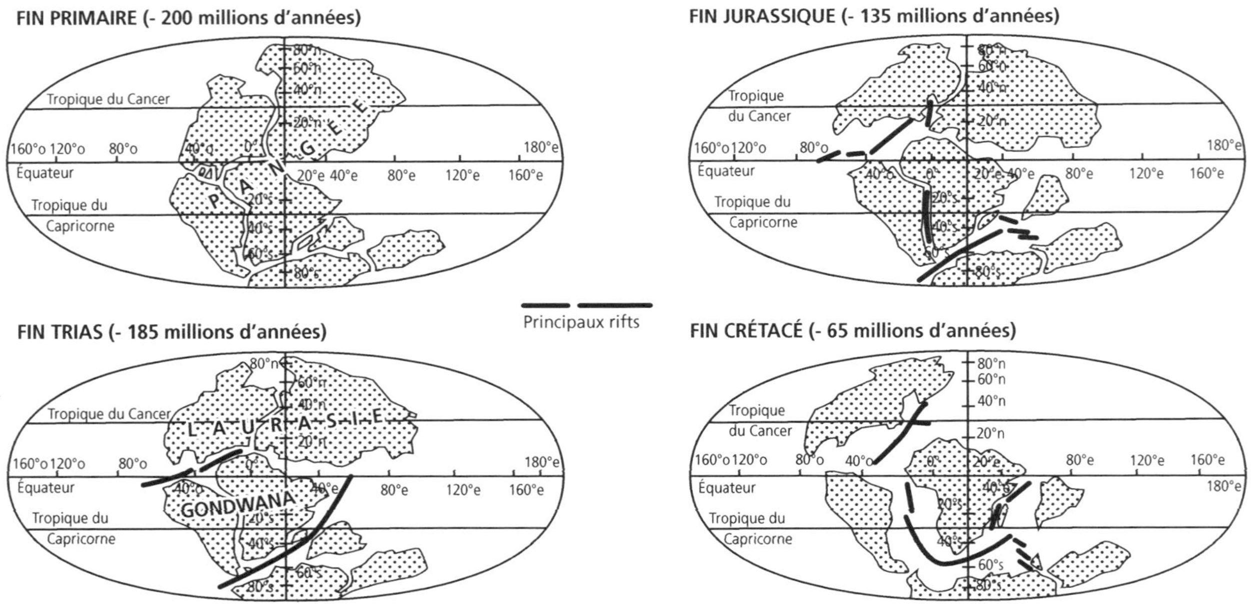

Source : Gabriel Rougerie, *Les milieux forestiers*, Paris, Puf, « Le Géographe », 1983.

Pour le géographe, ces données sont très importantes. En effet, la nature des roches joue un rôle essentiel dans la formation des sols, qui déterminent pour partie la couverture végétale ou les possibilités agricoles. De plus, la nature des roches influe sur le cycle de l'eau et le modelé du relief, c'est-à-dire sur le paysage. Enfin, les roches constituent une ressource essentielle par les minerais qu'elles contiennent.

2 Les données de la tectonique

a – Les mouvements de l'écorce terrestre

Les mouvements de l'écorce terrestre, ou tectonique (construction en grec), sont à l'origine de la naissance des reliefs.

Il existe trois grands types de mouvements qui engendrent des modifications dans les roches. Lorsque la roche parvient à accommoder le mouvement, cela peut se traduire par des plis. On peut en voir à toutes les échelles : certains sont millimétriques et d'autres se lisent sur des centaines de kilomètres.

Lorsque la roche n'a pas ou n'a plus la capacité de plier, elle casse. Cela se traduit par une faille, c'est-à-dire une rupture des roches avec décalage.

On distingue trois grands types de failles (voir croquis n° 6), qui traduisent les trois types de mouvement possibles : les failles normales, lorsqu'il y a écartement et donc distension, les failles inverses traduisant une compression, et les failles de décrochement lorsque deux blocs glissent l'un contre l'autre. Bien sûr, le mouvement peut avoir une composante de convergence et de décrochement à la fois.

En régime calme, les déformations sont dues à des mouvements épirogéniques, lents mouvements de montée ou de descente des ensembles continentaux à très grands rayons de courbure. Ces gauchissements forment des bombements (antéclises) et de vastes cuvettes (synéclises). Lorsque les séries sédimentaires s'y déposent, elles peuvent êtres soit horizontales (structure aclinale), soit inclinées vers le centre du bassin (structure monoclinale).

Croquis n° 6
Les trois types de failles

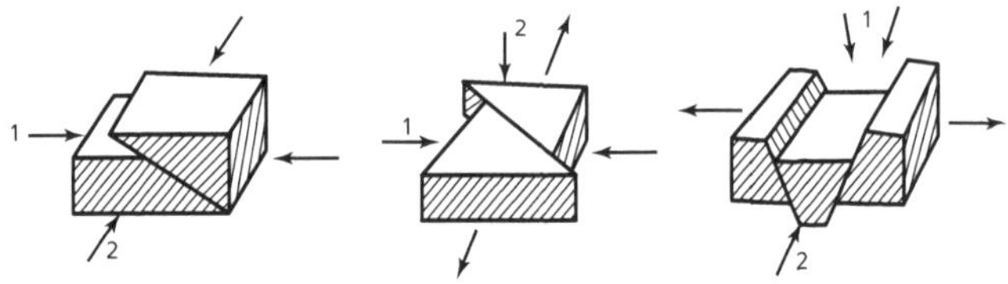

De gauche à droite : faille inverse, décrochement, fossé (graben) déterminé par des failles normales et surplombé par deux horsts.
Les chiffres 1 et 2 désignent les deux directions de pression principales.

Source : d'après Pierre Birot, *Morphologie structurale*, tome 1, Paris, Puf, 1958.

Dans les régions de grande activité tectonique (marges actives), les plaques divergent (régime distensif) ou convergent (régime compressif). Se produisent alors des mouvements de grande ampleur qui sont à la fois – mais pas simultanément – tangentiels et verticaux.

Lorsqu'un ensemble de terrain est largement déplacé depuis son lieu d'origine et vient recouvrir un terrain en place, on parle de charriage. La partie déplacée s'appelle une nappe de charriage. Le déplacement peut se faire sur une distance qui varie de 1 à 100 kilomètres. La nappe de charriage (allochtone) repose sur les terrains autochtones par un contact anormal appelé le plan de charriage.

b – Les failles

Une faille est une rupture au sein d'un terrain, avec un déplacement relatif des deux compartiments déterminé par la cassure. Ce déplacement est essentiel, car il permet de différencier la faille de la diaclase, qui est une simple cassure de la roche. Le plan selon lequel se fait le glissement des deux blocs dénivelés s'appelle le plan de faille. Le rejet exprime l'importance du mouvement relatif des deux compartiments. Le regard d'une faille désigne son orientation, définie par le compartiment affaissé dans la direction perpendiculaire au plan de faille.

Les failles sont très souvent groupées, soit en étant parallèles, soit en se recoupant. Elles forment ainsi des champs de faille. Parfois, elles dessinent des formes particulières. Deux failles qui se regardent déterminent un fossé d'effondrement (graben), comme la plaine* d'Alsace ; lorsqu'elles sont en sens contraire, elles délimitent un bloc soulevé (horst) tel le Morvan. Des failles de même regard déterminent un escalier de failles (les plateaux du Limousin).

c – Les plis

Les plis sont des déformations souples dans une formation sédimentaire ductile. Ces déformations sont dues à un régime compressif.

En coupe transversale, un pli est l'assemblage d'une partie convexe tournée vers le haut (anticlinal) à une partie concave tournée vers le bas (synclinal). L'anticlinal comprend en son centre les roches les plus anciennes, tandis que le cœur du synclinal contient les roches les plus récentes. La région du pli où la courbure est maximale s'appelle la charnière. Entre les charnières du pli se trouvent les flancs.

En coupe longitudinale, les deux charnières marquent l'axe des plis. Cet axe peut être relevé : on parle alors d'une surélévation. Affaissé, c'est un ensellement. L'arête des plis est la ligne qui relie tous les points hauts de l'anticlinal. On distingue plusieurs types de plis :

– *pli droit* : plan axial vertical ;

– *pli déjeté* : plan incliné et flanc de pendage en sens contraire ;

– *pli déversé* : plan incliné, les flancs sont parallèles entre eux ;

– *pli couché* : plan axial quasi horizontal.

Un pli déversé ou couché, dont le flanc inverse a été laminé, détermine un *pli faille* ou *chevauchement*. Un pli dont les flancs sont quasi verticaux et où le sommet anticlinal est quasi plat est un *pli coffré*.

Les plis sont rarement des accidents isolés. Ils se regroupent le plus souvent en chaînes de montagne ou parties de la chaîne de montagne (les Préalpes françaises par exemple). Selon leur mode d'association, on distingue :

– les plis parallèles : les crêtes sont parallèles entre elles ;

– les plis en échelon ou en coulisses : plis parallèles mais décalés dans le sens de leur allongement ;

– les plis en dômes et cuvettes (Préalpes du Gapençais) ;

– les anticlinorium ou synclinorium (le centre de la Bretagne) : vaste pli anticlinal ou synclinal, comprenant des plis anticlinaux ou synclinaux à plus petits rayons de courbure.

Lorsque la direction générale des plis marque des sinuosités, on parle de virgation.

Selon la disposition de ces différentes caractéristiques, on distingue plusieurs styles tectoniques.

Lorsque les anticlinaux sont étroits et séparés par des synclinaux larges, on parle d'un style éjectif. Dans le cas contraire, c'est un style déjectif. Si anticlinaux et synclinaux sont de taille équivalente, le style est congruent.

Lorsque les plis sont inclinés parallèlement, le style est isoclinal. On parle de style en éventail si les plis se déversent en sens inverse, de part et d'autre d'une zone de soulèvement maximum.

Ces styles tectoniques s'observent dans le cas d'une couverture plastique qui s'est bien décollée de son substratum (rôle d'une couche plastique à la base). Les cassures sont alors de peu d'importance. Ce sont des plis de couverture. Dans le cas d'une couverture très rigide au contraire, les cassures sont importantes. Les plis failles et chevauchants sont nombreux : le style est dit « en écailles ». Enfin, lorsque la couverture plissée est peu épaisse et moulée sur le socle, elle en épouse les fractures. Les plis sont lourds et souvent marqués de ruptures. Ce sont des plis de fond.

Conclusion

La géologie permet donc de connaître non seulement la nature des roches, leur diversité et leur échelle de dureté, mais aussi leur agencement et leur architecture, que nous appelons la structure. Tectonique et lithologie sont donc des notions indispensables aux fondements de l'étude de la morphologie, c'est-à-dire à l'explication des formes du relief. Les vastes ensembles morphostructuraux définis par la tectonique et les éléments de relief sont soit l'expression directe de la tectonique (on les dit alors structuraux), soit dégagés par l'érosion (on parle alors de formes structurales dérivées).

Bibliographie

Nous proposons un manuel de géomorphologie qui comprend un chapitre très complet de géologie et un ouvrage classique de la littérature géologique.

Coque Roger, *Géomorphologie*, Paris, Armand Colin, « U », 2002.

Pomerol Charles, Renard Maurice, *Éléments de géologie*, Paris, Armand Colin, 1995.

➜ II. La géomorphologie

La géomorphologie est la description et l'explication du relief terrestre, relief sous-marin inclus.

L'analyse géomorphologique est un raisonnement en trois phases successives : la description topographique du relief, l'étude de la géologie et la confrontation entre les formes du relief et leur structure, qui permet l'analyse morphologique.

Introduction : quelques définitions

La géomorphologie se divise en deux branches : géomorphologie structurale et géomorphologie dynamique.

La géomorphologie structurale étudie les rapports entre les formes du relief et la structure géologique. Ces rapports peuvent se lire à différentes échelles : certaines formes peuvent être observées à l'échelle du mètre (un escarpement de faille produit par un séisme), tandis que d'autres sont de niveau planétaire (la différenciation océans/continents). Les géomorphologues se sont surtout intéressés à la différenciation du relief à l'intérieur de grandes structures géologiques comme les Alpes ou le Bassin parisien.

L'érosion, c'est-à-dire les actions qui détruisent les reliefs, est prise en compte dans ses résultats globaux. L'érosion différentielle* (érosion sélective qui souligne les différences de résistance des roches) est un élément important de la géomorphologie structurale, car elle met en valeur les éléments du relief.

La géomorphologie dynamique étudie les effets de l'érosion actuelle ou récente. Elle concerne aussi bien les résultats de l'érosion que les processus érosifs. La structure n'est plus considérée que dans la mesure où elle guide l'érosion. Ainsi est mis en valeur le modelé, qui est la forme du relief liée à un processus particulier de l'érosion (le vent, la glace, etc.).

La notion d'échelle est fondamentale dans l'analyse morphologique et plusieurs auteurs en ont proposé des modèles. Une synthèse permet de proposer le découpage qui suit :

– les *gigaformes* correspondent aux continents et aux océans. Leur répartition découle directement des forces internes ;

– les *mégaformes* sont des unités de dimension continentales : dorsales océaniques, fosses et arcs insulaires, bassins océaniques, chaîne américaine des Rocheuses et des Andes, chaîne alpino-himalayenne, boucliers (régions composées des roches les plus anciennes du globe) indien, américain, africain, antarctique, etc. ;

– les *mésoformes* couvrent quelques dizaines de kilomètres et se répètent parfois sur de vastes espaces : les Préalpes, les plaines et plateaux du Bassin parisien, les volcans comme l'Etna, etc. ;

– les *formes élémentaires* sont kilométriques à décamétriques : versants d'une vallée (deux pentes qui se font face rejoignant le faite du relief au point le plus bas de la rivière), falaises, escarpements, plis : ce sont les formes de relief ;

– les *microformes* sont métriques à décimétriques : par exemple des fentes de dessiccation dans de l'argile.

Dans ce découpage scalaire, la géomorphologie structurale est l'étude des reliefs appartenant aux mégaformes, mésoformes et formes élémentaires (encadré n° 10).

La surface du globe est divisée en dix plaques lithosphériques principales. La partie continentale de ces plaques est tectoniquement stable. Elle est composée des roches les plus anciennes du globe (plusieurs milliards d'années). La partie océanique est au contraire toujours très récente (moins de 200 millions d'années).

Les relations de continents à océans se font de deux façons. Les marges passives résultent de l'ouverture d'un océan au sein d'une masse continentale sans activité sismique ou volcanique notable. C'est le cas des marges atlantiques (sauf aux Antilles et dans l'arc des Sandwich australes) et d'une grande partie des marges de l'océan Indien (sauf en Indonésie).

ENCADRÉ N° 10

Les échelles*

En géomorphologie, l'approche multiscalaire est primordiale, l'explication d'un relief demandant de passer d'une échelle à l'autre. Ainsi, l'étude d'un massif préalpin se fera à petite et moyenne échelle pour en cerner les contours et les caractéristiques (le 1/500 000 et le 1/100 000), mais pour analyser les forme de relief de ce massif, il faudra adopter une grande échelle (le 1/50 000, voire le 1/25 000). L'étude du modelé*, qui porte souvent sur des microformes, nécessite d'utiliser une grande échelle (le 1/50 000 et le 1/25 000).
L'échelle temporelle est aussi indispensable. En géomorphologie structurale, c'est la longue durée qui domine le plus souvent (plusieurs millions d'années), ainsi dans le cas de la formation d'une montagne, mais la surrection d'un volcan peut se produire en quelques jours. En morphologie dynamique, un éboulement est un événement de quelques minutes, une tempête transforme un littoral en quelques heures. Les reliefs actuels sont donc le résultat d'un grand nombre d'actions de durées diverses, dans des conditions très différentes de l'état actuel, et sont par conséquent en partie des héritages.

Les marges actives sont au contraire marquées par une activité sismique importante, correspondant aux processus de subduction océanique et/ou de collision continentale. Selon que l'on se situe sur une marge passive ou active, les ensembles morphostructuraux sont très différents.

1 La géomorphologie des zones stables

Les zones stables couvrent près des trois quarts de la planète. Ce sont les ensembles les plus vieux du globe : plus de 3 milliards d'années pour les boucliers*, alors que les socles datent du paléozoïque. Ces ensembles très rigides sont affectés par des déformations tectoniques à très grands rayons de courbure (des gauchissements) ou par des failles faisant rejouer de très vieux accidents.

a – Les boucliers et leur couverture

Les boucliers sont des unités morphostructurales d'échelle continentale, ils se définissent par leur âge (précambrien), leur stabilité et la nature du matériel rocheux, qui est granitique ou métamorphique. Ils ont connu plusieurs orogénèses (formations de montagnes) durant le précambrien, séparées par de longues périodes d'aplanissements qui ne laissent voir aujourd'hui que les racines des plis précambriens. Leur forte induration (durcissement), par plusieurs phases de granitisation et de métamorphisation, leur confère une grande rigidité. Leur très longue histoire explique une grande complexité structurale.

Parfois une couverture sédimentaire repose en discordance sur ces surfaces. Les sédiments paléozoïques, majoritairement d'origine continentale (grès) dominent, des dépôts plus récents (mésozoïques et cénozoïques) sont moins bien représentés et moins épais. La variété des faciès est faible et les différences de résistance peu marquées au sein de ces dépôts.

Ces boucliers se localisent soit aux hautes latitudes : boucliers canadien, fenno-scandien, sibérien, antarctique, soit aux latitudes tropicales : boucliers brésilien, ouest africain, indien, australien occidental (encadré n° 11).

Au sein des boucliers, on distingue quatre types morphostructuraux largement déterminés par la structure et la lithologie.

D'abord de vastes plateaux* et plaines* dont la surface tranche indifféremment les racines des anciens plis (pénéplaine*). Les seuls accidents de relief sont ici soit des escarpements d'une énergie (terme qui désigne la hauteur, on parle aussi de commandement) de quelques dizaines à 300 mètres, qui séparent de vastes surfaces horizontales et monotones, soit des reliefs isolés dont certains peuvent atteindre de fortes altitudes (Hoggar). Tous les boucliers n'offrent pas une telle diversité de paysages (en particulier ceux des hautes latitudes, beaucoup plus monotones).

Ensuite des bassins sédimentaires de très grandes dimensions. Ce sont des aires qui connaissent un lent affaissement (subsidence) et où l'épaisseur des sédiments peut dépasser les

ENCADRÉ N° 11

Les boucliers, problème de vocabulaire

La nomenclature est parfois utilisée de façon confuse et demande à être précisée. Il s'agit de faire la distinction entre bouclier, socle, plateforme et craton.
Un bouclier désigne un ensemble d'âge précambrien, dont les chaînes de montagnes ont été aplanies et où dominent les surfaces d'érosion. Il n'est pas ou peu recouvert de sédiments.
Recouvert d'une couverture sédimentaire, c'est une plateforme (la plateforme russe).
Le socle désigne un ensemble fortement érodé avec de vastes surfaces d'aplanissement, composée pour une large part de granit et de roches métamorphiques. Il est d'âge plus récent, paléozoïque ; ainsi les socles des zones tempérées.
Un craton, terme moins usité de nos jours, désigne une large portion stable d'une aire continentale.

5 000 m. Certains portent le nom des gigantesques fleuves qui les parcourent (cuvette de l'Amazone, du Congo, du Mackenzie).

Les bordures des boucliers tranchent quant à elles par la vigueur de leur relief et leur aspect montagneux : des altitudes importantes, une topographie dissymétrique (pente faible tournée vers le centre du bouclier, pente abrupte « tombant » sur l'océan qui les borde et rendant leur accès malaisé). Ce sont les bourrelets marginaux. Parmi les plus importants : les serras du Brésil (1 900 m), le bourrelet de la façade orientale de Madagascar (2 800 m), les Ghats du rebord du Dekkan (2 700 m), les Alpes scandinaves (2 800 m) ou la bordure montagneuse de la côte orientale du Groenland (3 700 m). Leur position et l'axe du soulèvement impliquent que ces bombements sont à mettre en relation avec l'ouverture des océans. La plus ou moins grande ancienneté de celle-ci explique la diversité morphologique de ces bourrelets.

Enfin, de vastes fractures s'étirant sur des milliers de kilomètres découpent les boucliers : ce sont les rifts. Celui du sud-est africain divise, sur près de 6 000 km, le bouclier africain depuis la mer Rouge jusqu'au Zambèze. En Asie, le rift du lac Baïkal (le lac le plus profond du monde et la plus grande réserve d'eau douce de la planète) et ses annexes fracturent le socle sibérien sur plus de 2 500 km. Ces rifts sont parfois accompagnés de systèmes volcaniques (le Kilimandjaro, le mont Kenya). Ils sont la marque d'une tectonique distensive, signe d'un étirement de la croûte et d'une remontée du manteau. Les fractures qui accidentent ces boucliers donnent parfois lieu à des manifestations volcaniques originales. Ce sont les écoulements effusifs, les laves remplissent les fissures du socle pour se répandre à sa surface sur des épaisseurs considérables (plusieurs centaines de mètres) et sur des milliers de km² : ce sont les trapps, comme ceux du Dekkan en Inde, à Madagascar, en Guinée ou en Afrique du Sud.

À l'intérieur de ces ensembles morphostructuraux, on distingue des formes structurales de plus grande échelle : les éléments de relief.

Les grands plateaux, où domine la planéité, sont surmontés de reliefs isolés aux flancs raides, souvent convexes. Les sommets sont le plus souvent arrondis ou de forme ovoïde. Ils surplombent les plateaux de façon brutale (rupture de pente à la base) de plusieurs centaines de mètres. Ces formes sont azonales, elles existent sous toutes les latitudes. Leurs noms diffèrent selon leur localisation : monadnock au Canada, inselberg dans les déserts, pain de sucre au Brésil. Ce sont des reliefs structuraux résiduels ou des reliefs de position. Leur existence est due en effet soit à la résistance particulière des roches qui les constituent, soit à leur situation sur la ligne de partage des eaux (ils sont alors relativement plus protégés de l'érosion).

Les talus qui relient les surfaces planes étagées des boucliers ont deux origines possibles : soit ils sont dus à des failles, la dureté du matériel rocheux ayant permis le maintien de la dénivellation, soit les mouvements à grands rayons de courbure qui caractérisent le régime tectonique des boucliers ont entraîné un exhaussement en dôme de ce dernier (gauchissement). Celui-ci a permis une reprise de l'érosion, dégageant une nouvelle surface plane, entaillant la précédente et venant buter contre elle par un talus.

Aux hautes latitudes, les alternances de glaciation et de déglaciations lors du Pléistocène ont entraîné de lentes déformations isostatiques[1] (le bouclier scandinave s'est relevé de plus de 100 mètres depuis 6 000 ans) favorables à la reprise de l'érosion.

Des reliefs rubanés surmontent ces vastes surfaces. Des alignements de crêtes (formées de roches résistantes : grès, gneiss) dominent des couloirs entaillés dans des schistes (ainsi les monts Aravelli au nord-ouest de l'Inde). Il s'agit de reliefs appalachiens, terme d'une longue évolution comprennant la formation d'une chaîne de montagne, sa destruction et enfin une reprise d'érosion liée à un mouvement tectonique positif. Les anciens anticlinaux (composés de roches résistantes) sont alors mis en valeur par l'érosion différentielle qui creuse les roches plus tendres des anciens synclinaux. Les dénivelés sont suffisamment importants pour donner au relief un aspect montagneux marqué.

Les grands escarpements des bourrelets sont soit des reliefs structuraux lorsqu'ils sont jeunes (cas de la mer Rouge), soit des reliefs dérivés pour les parties plus anciennes. Selon leur disposition, ils forment tantôt des horsts, tantôt des escaliers ou gradins de faille.

b – Les reliefs dans les couvertures des boucliers

Les couvertures sédimentaires des boucliers forment de vastes plateaux tant en Afrique subtropicale, saharienne essentiellement, qu'au Brésil du nord-est (dans les *Chapadas*). Lorsque la surface du plateau coïncide avec le sommet d'une couche dure, c'est une surface structurale. Elle est substructurale lorsque la roche dure a été entamée par l'érosion. Le maintien de ces surfaces est dû à la dureté des roches qui les composent (grès très résistants, parfois des calcaires).

Ces plateaux se terminent par des talus d'un très fort dénivelé (de 100 à 600 mètres) et cela sur des centaines voire parfois des

1. Les déformations isostatiques sont des mouvements de compensation au déséquilibre entre les différentes masses composant le relief. Les blocs qui supportent une accumulation s'enfoncent dans la partie visqueuse du manteau, tandis que les blocs moins chargés ont tendance à remonter. Ainsi à une certaine profondeur de la terre il y a équilibre et les reliefs ne sont plus sensibles : c'est la surface de compensation isostatique.

milliers de kilomètres. Ces escarpements grandioses sont entaillés dans des séries sédimentaires qui reposent en discordance sur le socle. Il n'y a pas de grande diversité de faciès et l'érosion différentielle ne met en évidence que l'opposition entre la couverture et le socle. Le pendage des couches est nul ou très faible (structure aclinale). Comme la couverture repose en discordance, on parle de fausses *cuestas* (voir *infra*) ou mieux de glint pour qualifier ces escarpements. Ils sont parfois précédés par des buttes marquant l'emplacement ancien du front du talus, ce sont des buttes témoin. Les plus impressionnantes se trouvent au Mali (falaise de Bandiagara).

Les ensembles stables des régions tempérées boréales présentent des paysages différents, même si la rigidité de ces ensembles est une de leurs principales caractéristiques.

c – Les massifs anciens

Les ensembles morphostructuraux des massifs anciens* diffèrent des boucliers. Leur taille est beaucoup plus réduite (quelques dizaines de milliers de km²) et si les roches endogènes prédominent largement, ils sont beaucoup plus récents (ère Paléozoïque, parfois Mésozoïque).

Ils se localisent dans les moyennes latitudes de l'hémisphère boréal, au contact des boucliers et des zones plissées du Tertiaire. Leur relief est beaucoup plus diversifié. On y trouve aussi bien des plateaux et des collines (Massif armoricain, 416 m) que de moyennes montagnes comme les Vosges (1 420 m), le Massif central (1 400 m sauf les sommets volcaniques à 1 886 m), le Massif Bohémien (1 600 m), l'Oural (1 890 m), les Appalaches (2 300 m) et de très hautes montagnes en Asie : Altaï (4 500 m) ou Tian Shan (7 400 m).

En dépit de cette diversité, les paysages de ces massifs présentent des caractéristiques communes : vastes plateaux monotones séparés par des escarpements, sommets très arrondis (les ballons des Vosges), vallées très profondes aux versants convexes.

Ces ensembles ont en commun une histoire complexe. Ils ont été marqués par deux orogénèses (calédonienne, puis hercynienne). Les montagnes qui en ont résulté ont été fortement érodées, au point de ne laisser que leurs racines visibles : c'est la surface d'érosion post hercynienne, qui recoupe indifféremment tous les plis. Celle-ci tient une large place dans les paysages actuels. En discordance sur cette surface, reposent des sédiments déposés au Secondaire et au Tertiaire, de faciès très varié (contrairement aux couvertures des boucliers).

Le matériel rigide dominant très largement, ces massifs réagissent de manière cassante à toute pression ultérieure. Les grands mouvements de l'orogénèse tertiaire se traduisent de deux façons : soit un gauchissement dû à un long mouvement d'antéclise (bombement à grand rayon de courbure de type anticlinal) comme pour le Massif armoricain, soit des poussées brutales qui se traduisent par des failles découpant les massifs en horst et grabens (Massif central, Vosges, Forêt-Noire, Massif schisteux rhénan). Ces mouvements ont souvent été accompagnés ou suivis d'éruptions volcaniques (Massif central, Eifel). En Asie, la puissante surrection de l'Himalaya a produit la plus forte poussée et la mise en place de horsts grandioses comme l'Altaï ou de bassins d'effondrement (grabens) comme le Tarim.

- **Les éléments de relief dans les massifs anciens**

Ce sont de vastes plateaux étagés séparés par des talus, comme les plateaux de l'ouest du Massif central, façonnés par l'érosion qui a fait disparaître les reliefs préexistants. Moins étendues que celles des boucliers, ces surfaces d'érosion posent les mêmes difficultés d'interprétation. Depuis Davis, leur origine et leur formation sont un débat essentiel des géomorphologues (encadré n° 12).

Parmi ces surfaces planes, on distingue les surfaces d'aplanissement stricto sensu, qui sont devenues planes après une longue période où des volumes considérables de matériaux ont été ôtés. Les surfaces de regradation proviennent quant à elles de surfaces originellement planes et qui ont subi peu de modifications au cours de leur histoire, le travail de l'érosion n'ayant permis que des rectifications mineures. C'est le cas lorsque les mouvements tectoniques sont non seulement très longs, mais peu marqués dans le relief. Enfin, une surface d'aggradation est une surface

ENCADRÉ Nº 12

Le cycle d'érosion

Selon cette théorie développée par le géomorphologue américain Davis à la fin du XIXe siècle, l'érosion fluviale, considérée comme l'érosion « normale », est responsable de l'évolution des reliefs vers l'aplanissement, aboutissant à la formation d'une pénéplaine. La surrection de la région marque le début du cycle. Le relief présente alors des dénivellations importantes, qui confèrent une grande puissance érosive aux torrents. Ceux-ci s'enfoncent rapidement. Ils dégagent ainsi des interfluves (un interfluve est la portion d'espace comprise entre deux vallées) qui s'agrandissent au fur et à mesure, en même temps que la surface des versants. C'est le stade de jeunesse : les fleuves s'encaissent, les versants s'agrandissent, les interfluves sont rongés par l'érosion. Le travail de l'érosion entraîne progressivement une diminution forte des pentes et des interfluves. La puissance des rivières diminue puisque leur pente faiblit. Bientôt elles n'ont plus que la force de transporter les sédiments érodés dans les parties supérieures. C'est le stade de maturité. La diminution des pentes se prolonge jusqu'à presque disparaître. Désormais les vallées incisent à peine les surfaces, les interfluves sont quasi plats, c'est le stade de vieillesse, marqué par le développement de la pénéplaine. Un soulèvement d'ensemble déclenche un nouveau « cycle d'érosion ». Les talus qui séparent deux surfaces sont la marque de ces différents cycles responsables de l'emboîtement des surfaces. C'est l'évolution polycyclique. La surface polycyclique est ainsi un relief formé d'éléments topographiquement distincts et sculptés à des périodes différentes.

L'érosion normale est vite apparue comme incapable à elle seule de créer l'aplanissement des montagnes conduisant à la pénéplaine, et la morphologie climatique a rendu caduque sa place prééminente. D'autres processus d'érosion ont été mis en avant, telle l'action de pluies violentes s'écoulant en nappe (*sheetflood*), qui provoquerait une érosion latérale et non linéaire dans un climat de type semi désertique à la végétation rare. La notion de pénéplaine a été concurrencée par celle de pédiplaine, surface quasi horizontale composée de pédiments qui se raccordent entre eux. Un pédiment est une surface plane tronquant des roches dures caractéristiques des climats désertiques. Surtout, les morphologues ont souligné que les aplanissements précambriens se sont produits dans des conditions climatiques très différentes des conditions actuelles et que la couverture végétale n'existait pas, ce qui permettait aux forces d'érosion d'avoir une efficacité beaucoup plus grande. La très longue stabilité des boucliers et des socles permet d'envisager l'aspect polygénique de ces surfaces. Un régime lent et continu de soulèvement peut se traduire par une évolution acyclique de la surface qui subit les retouches légères et répétées de l'érosion, « la regradation », comme cela s'observe sur les boucliers d'Afrique et d'Australie.

dont les reliefs en creux sont comblés par accumulation et se raccordent ainsi avec la surface regradée.

Très monotones, ces surfaces sont parfois surmontées par des reliefs résiduels que l'on considère comme des reliefs structuraux, dégagés des altérites (résidus de décomposition) par l'érosion différentielle. De grande taille, ce sont des monadnock, et des tors lorsqu'ils sont plus modestes.

Les massifs anciens sont découpés de grands accidents tectoniques, fractures qui reprennent des orientations anciennes du paléozoïque, ces accidents ayant rejoué lors des mouvements tertiaires. Ainsi les Limagnes duMassif central et la vallée du Rhin séparant les Vosges de la Forêt-Noire sont des rifts avortés signe d'un régime distensif.

Des rejeux des vieux accidents du socle lors des mouvements épirogéniques du Cénozoïque guident les orientations préférentielles de l'ensemble hercynien européen : la « direction armoricaine » (NO-SE), la direction varisque (SE-NW).

Dans ces moyennes montagnes, les sommets dessinent de lourdes croupes, tels les « ballons » d'Alsace, qui sont la marque du gauchissement tertiaire des vieilles surfaces post hercyniennes. L'incision de vallées profondes aux versants convexes (liés à la nature granitique des roches) témoigne des reprises d'érosion lors de l'exhaussement de ces vieilles surfaces.

Des reliefs volcaniques, de type plus ou moins complexe en fonction de leur âge (Massif central), peuvent également accidenter les plateaux, accentuant leur aspect montagneux. Les coulées basaltiques mises en relief par l'érosion différentielle dominent les régions environnantes : ce sont les mesas. Ce sont donc des formes structurales dérivées avec inversion de relief, puisqu'originellement les coulées de lave étaient en position topographique basse.

Nombre de massifs (Oural, Appalaches, Ardennes, sud du Massif armoricain) présentent des reliefs de crêtes, parallèles entre elle, surmontant des creux. Ces formes peuvent se développer sur de grandes distances (plusieurs centaines de kilomètres) et atteindre de fortes altitudes (2 000 mètres), comme dans les *Blue Ridge* des Appalaches qui ont donné leur nom à cette forme structurale dérivée : le relief appalachien. Celui-ci est le résultat de l'aplanissement d'une structure plissée, suivi d'un soulèvement déclenchant la reprise de l'érosion différentielle qui dégage les roches dures des anciens anticlinaux et creuse les roches tendres des anciens synclinaux. C'est un relief structural dérivé.

d – Les bassins sédimentaires des régions hercyniennes

De dimension beaucoup plus modeste que ceux des boucliers (du millier à la dizaine de milliers de km²), les bassins sédimentaires s'intercalent entre les massifs anciens recouvrant les portions de socle subsident.

On en distingue trois grands types.

D'abord, les cuvettes sédimentaires à séries de *cuestas*. Les sédiments se sont déposés au cours d'une longue subsidence dans des mers généralement peu profondes. Il y a une alternance régulière entre les couches tendres et les couches dures. Une lente émersion a mis fin à la sédimentation et déclenché le travail de l'érosion différentielle. Selon la position par rapport au centre du bassin, les couches sont de pendage nul ou très faible, la structure est aclinale. En revanche, les bordures présentent des couches inclinées vers le centre du bassin. La structure est monoclinale, le pendage ne dépasse pas les 10°.

Ensuite, les cuvettes ayant connu un soulèvement très vigoureux qui se traduit par des structures tabulaires de hauts plateaux comme le plateau du Colorado (ouest des États-Unis). La structure sédimentaire est complexe, hachée de failles. Le soulèvement a été tellement vigoureux qu'il a entraîné un enfoncement rapide et très profond des principaux cours d'eau. Ceci a réduit le dégagement des dépressions transversales, les roches dures les plus anciennes ne formant que des replats structuraux qui accidentent les versants des canyons. Le Colorado (États-Unis) s'encaisse de plus de 1 500 mètres à travers la série sédimentaire, donnant un paysage grandiose.

Les bassins sédimentaires qui entrent en contact avec les montagnes du système alpin (bassin aquitain, Souabe-Franconie) sont de nature différente. La sédimentation est beaucoup moins diversifiée et comporte des sédiments grossiers issus du démantèlement des massifs en surrection (mollasse). Les dépôts sont très hétérogènes, les changements de faciès très fréquents, situation peu favorable à l'érosion différentielle. Les reliefs sont indécis sans orientation nette. Le paysage est confus, alternance de croupes surbaissées et de vastes dépressions, comme dans la plaine de l'Èbre et le bassin de la Garonne.

• Les paysages du centre des bassins sédimentaires

Les paysages du centre des bassins sédimentaires déroulent de vastes surfaces monotones, en plateaux étagés, reliées par des talus. Les vallées sont les seuls éléments de diversité. Ces surfaces sont structurales (ou sub-structurales lorsque la roche dure affleurant a été déblayée par l'érosion des roches tendres qui la recouvraient). Le pendage des couches étant nul ou très faible, leur dégagement est souvent imparfait (Beauce, Brie, Soissonais). Les plateaux se terminent par des talus parfois bien marqués : ce sont des talus aclinaux. Si le talus fait la transition avec une autre surface, ce sont des coteaux.

Leur commandement et la puissance de la corniche sommitale (partie très raide de la pente du talus) sont fonction de la lithologie. Le plateau, attaqué par le réseau hydrographique, peut se morceler en buttes témoins. Les accidents tectoniques les fixent. Les structures synclinales facilitent la conservation de la butte, l'érosion étant moins active sur un relief en positon topographique basse.

• Les paysages des bordures

Ce sont des reliefs originaux : les *cuestas* (croquis n° 7)[1]. Le relief est dissymétrique : une pente douce et longue tournée vers le centre du bassin et qui se termine par un talus en pente forte et de sens inverse. La pente douce est appelée revers, la pente abrupte le front. Celui-ci, sans vis-à-vis, domine une dépression plus ou moins large : la dépression orthoclinale. Le front peut être devancé par des buttes témoins qui marquent l'ancienne extension de la cuesta. Pour parler de cuesta, les conditions suivantes

1. Terme mexicain adopté par Davis.

doivent être réunies : structure concordante et monoclinale, couple roches dures/roches tendres, pendage des couches faible (inférieur à 15°) et inverse à la pente du talus. Si toutes ces conditions ne sont pas réunies, on parle de fausses cuestas. Le revers de la cuesta est soit une surface structurale (ce qui est assez rare), soit une surface d'érosion. La couche dure qui arme le front détermine fréquemment une corniche dont l'ampleur est fonction de son épaisseur. Le profil longitudinal du front est continu mais incisé par le réseau hydrographique qui l'entaille en forme d'entonnoir.

Croquis n° 7

Profil d'une *cuesta* double

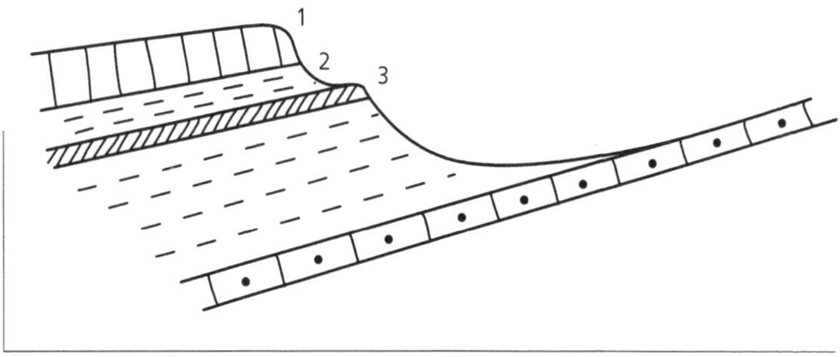

1 : Couche dure supérieure, c'est le revers
2 : Couche tendre mince, le talus est marqué et la dépression peu développée
3 : Couche dure moyenne surmontant une couche tendre très épaisse : la dépression orthoclinale est très développée, la corniche du deuxième talus est peu marquée

Source : d'après Pierre Birot, *Morphologie structurale*, tome 1, Paris, Puf, 1958.

Le réseau hydrographique s'oriente selon trois directions :

– les rivières cataclinales suivent le pendage des couches et s'enfoncent dans le revers après avoir percé le front ;

– les rivières orthoclinales coulent dans la dépression et affouillent les roches tendres ;

– les rivières anaclinales prennent leur source sur le front et sont affluentes des rivières orthoclinales. Elles échancrent le front en lui donnant un profil convexe séparé par des échancrures, on le dit lobé.

Les *cuestas* présentent une grande diversité de formes selon les conditions lithologiques, structurales et la disposition du réseau hydrographique. Le rapport de dureté entre la roche dure et la roche tendre est un facteur important de différenciation : si ce rapport est bien marqué, la cuesta est bien dessinée (côte de Moselle), si le rapport est peu net, la cuesta est mal dessinée, se marquant peu dans le relief (côte de Champagne). L'épaisseur relative des deux couches joue aussi un rôle : une couche dure et épaisse sur une couche tendre et mince détermine une cuesta à l'aspect massif et au tracé rectiligne (côte de l'Argonne) ; à l'inverse, dans le cas d'une couche dure et mince surmontant une couche tendre et épaisse, la cuesta est très découpée et son tracé très sinueux (côte des Bars). Le pendage est aussi important : plus il est fort, plus la cuesta est rectiligne et les buttes témoins rares, et inversement en cas de pendage faible.

Le dégagement de deux couches résistantes séparées par une couche tendre entraîne la formation d'une cuesta double. Si la rivière orthoclinale s'inscrit dans le revers, cela donne lieu à une cuesta dédoublée (ainsi la cuesta de Meuse à Neufchâteau).

Le dégagement des cuestas a fait l'objet de plusieurs hypothèses : selon Davis, il se serait fait à partir d'une surface d'émersion, et selon d'autres auteurs à partir d'une surface d'érosion tronquant le bassin sédimentaire*, ou bien à partir de plusieurs surfaces d'érosion ou encore d'une surface de regradation. Dans tous les cas, la structure commande très largement cette genèse : il faut qu'il y ait émersion de la région considérée pour que se déclenche l'érosion, et la lithologie doit être marquée pour permettre le travail de l'érosion différentielle. Les bassins sédimentaires ont connu, au cours de leur histoire géologique, une évolution complexe. Leur centre de subsidence (ombilic) a migré (de l'est vers l'ouest dans le Bassin parisien). Ceci a entraîné des variations de sédimentation, et donc de faciès, qui ont modifié sur de courtes distances les échelles de résistance. C'est, avec les accidents tectoniques, la raison de la variété des formes. Les failles et flexures fixent les accidents qui définissent le front et la position des buttes témoins.

Si les accidents tectoniques influent sur le détail du tracé de la cuesta, des déformations plus amples donnent lieu à des formes particulières : les boutonnières. Des déformations à large rayon de courbure (anticlinorium) affectent le nord du Bassin parisien (Boulonnais, pays de Bray) comme le bassin de Londres (le Weald). Ces déformations favorisent l'érosion qui attaque les points hauts, et creusent le cœur de l'ondulation anticlinale d'une dépression centrale (inversion de relief) surmontée par deux cuestas qui se font face. Ce sont, en réalité, de fausses cuestas puisqu'elles ne répondent pas aux critères définis (un front sans vis-à-vis).

e – Les structures faillées qui affectent tant les socles que les bassins

Les failles affectent aussi bien les roches sédimentaires que les roches endogènes (granitiques ou métamorphiques). Lorsqu'une faille donne lieu à un escarpement, on parle d'escarpement de faille. Mais ce cas est assez rare car l'érosion entame le bloc soulevé dès la formation de la faille. On a donc, le plus souvent, un escarpement atténué : son commandement est inférieur au rejet. Ceci peut aussi être dû au dépôt d'une accumulation au pied de l'escarpement. Entaillé par le réseau hydrographique, l'escarpement présente un profil longitudinal sinueux.

Si l'érosion a fait reculer l'escarpement de telle sorte que le talus ne corresponde plus avec le plan de faille, c'est un escarpement de faille hérité car c'est toujours la structure qui est responsable du talus. L'escarpement peut d'ailleurs être à la fois hérité et atténué.

Lorsque la structure ne joue plus qu'un rôle indirect et que l'érosion différentielle devient le facteur essentiel de l'escarpement, on parle d'escarpement de ligne de faille. C'est une forme structurale dérivée. En ce cas, le regard de l'escarpement ne dépend plus de celui de la faille mais de la disposition roche dure/roche tendre. Le commandement de l'escarpement dépend alors de l'action de l'érosion différentielle.

Lorsque l'escarpement de ligne de faille est de regard contraire à celui de la faille, on parle de ligne de faille inverse.

Lorsque l'escarpement est dû à la fois à la structure et à l'érosion différentielle, on parle d'escarpement de faille composite.

❷ Géomorphologie des zones instables

Les affrontements entre plaques se localisent sur le pourtour du Pacifique, et en Méditerranée, ce sont les zones volcaniques et sismiques. Les rides médio-océaniques et les points chauds sont surmontés de volcans actifs.

a – Les volcans

Souvent qualifiés de « reliefs postiches » car surimposés sur une surface sans rapport direct avec eux, les volcans présentent des formes qui peuvent se répéter sur de longues distances (les alignements des volcans d'Auvergne en sont un exemple).

Les formes structurales les plus nettes s'observent pour les volcans les plus récents (Quaternaire) et ceux encore en activité. Les constructions sont fonction de la nature des éruptions, qui elles-mêmes dépendent de la composition des magmas. Plus le magma est acide, plus les éruptions sont violentes (celles des volcans gris de type explosif), et plus les magmas sont basiques, plus les éruptions se font sous forme de grandes coulées de lave (celles des volcans rouges de type effusif). Cette classification est imparfaite, car un volcan peut connaître plusieurs types d'éruptions (ainsi le Vésuve, l'Etna) et cela en complique la structure. On distingue les volcans monogéniques (ayant connu un seul type d'éruption) de forme simple (les puys d'Auvergne) des volcans polygéniques (Etna) beaucoup plus complexes.

• Les quatre types de volcan (croquis n° 8)

Les volcans boucliers sont formés par des laves très fluides empilées les unes sur les autres. Ces laves bâtissent un cône aux pentes faibles (moins de 5 %). Ils peuvent être de très grandes dimensions (plus de 100 kilomètres de diamètre) et atteindre de fortes altitudes (4 150 m pour le Mauna Loa des îles Hawaï). Leur

Croquis n° 8

Les grands types de volcans

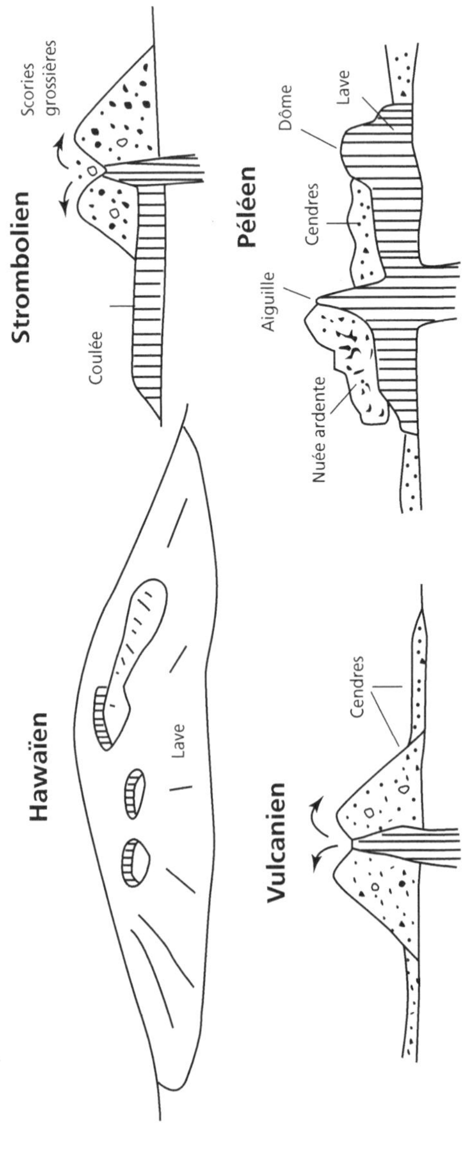

Source : d'après Pierre Birot, *Morphologie structurale*, tome 1, Paris, Puf, 1958.

cratère est souvent rempli par un lac de lave en fusion qui déborde lors des éruptions.

Les édifices de type strombolien (le Stromboli culmine à 906 m dans les îles Éoliennes, en Italie) sont caractérisés par un cône de scories (éléments hétérométriques provenant des projections du volcan) et de laves solidifiées, car moins fluides que celles du cas précédent. Le sommet s'ouvre sur un cratère. Il est parfois entaillé par une brèche d'où s'écoule (ou s'écoulait) la lave : c'est un cratère égueulé (puy de la Vache en Auvergne). Les pentes sont fortes et ravinées par les eaux de ruissellement.

Les édifices de type vulcanien (du volcan Vulcano, 499 m, dans les îles Lipari) sont formés par des dynamismes éruptifs encore plus explosifs. Le cône est constitué uniquement de cendres et de blocs. La lave, très visqueuse, sort rarement du cratère. Les explosions fréquentes entraînent parfois la destruction du cratère et en créent d'autres sur les flancs (Pariou en Auvergne).

Le cumulo-volcan ou volcan péléen (de la montagne Pelée en Martinique) est formé de laves tellement visqueuses qu'elles ne peuvent s'écouler. Se forme alors une aiguille d'extrusion, qui peut atteindre plusieurs centaines de mètres de haut avant de se casser. L'explosion qui résulte de l'éruption s'accompagne de nuées ardentes (coulées pyroclastiques). Il s'agit d'un ensemble de blocs, de cendres et de gaz portés à très haute température et enveloppés dans un nuage de vapeur d'eau qui maintient chaque bloc isolé. La nuée dévale les pentes du volcan à grande vitesse (de 15 à 150 m/s), devancée par un souffle qui détruit tout sur son passage.

• Les formes des accumulations volcaniques

Plus les laves sont fluides, plus elles peuvent s'écouler sur de longues distances. Leur refroidissement crée des microformes qui accidentent leur surface. Ces formes structurales prennent deux aspects, désignés par des termes polynésiens : soit la surface est accidentée par des aspérités (du décimètre au mètre) qui rendent la marche difficile et c'est un *aa* ; soit la lave est beaucoup plus lisse et c'est un *pahoehoe*.

Les projections volcaniques (cendres, lapilli, ponces, blocs) forment des accumulations aux formes structurales peu marquées, hormis les cônes eux-mêmes. Elles moulent les reliefs préexistants, parfois sur une grande épaisseur comme c'est le cas dans la plaine au pied du Vésuve. Les accumulations les plus importantes sont celles des conglomérats volcaniques. Il s'agit de fragments de roches cimentés, produits en particulier lors des *lahars*, coulées de boue (mélangeant scories et boues) qui dévalent les pentes du volcan et qui sont très dévastatrices.

De nombreuses formes structurales dérivées sont liées au volcanisme (croquis n° 9).

Croquis n° 9

Formes d'intrusion de lave et volcan écossais

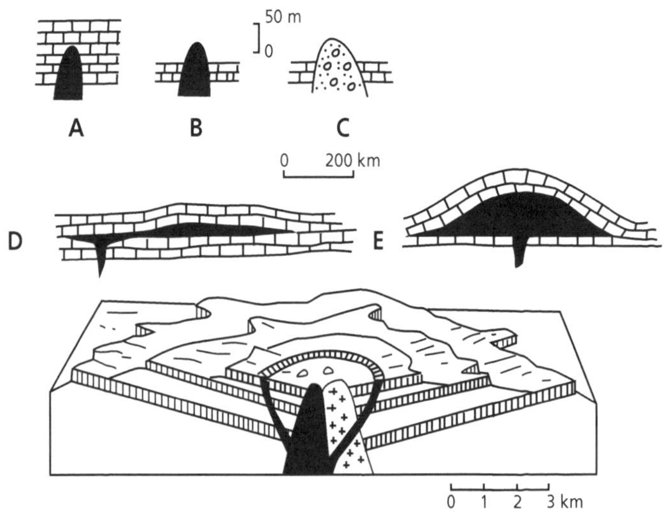

A et B : Culot avant déchaussement
C : Neck de conglomérat
D : Still
E : Laccolite

Bloc diagramme d'un volcan écossais :
Granit
Basalte
Basalte postérieur au 2

Source : d'après Pierre Birot, *Morphologie structurale*, tome 1, Paris, Puf, 1958.

Le volcan devenu inactif, l'érosion démantèle cet édifice, révélant la structure interne. L'érosion différentielle met en valeur les roches dures encaissées dans des roches plus tendres. Le dégagement d'une cheminée de son enveloppe de cendres met en relief le dur conglomérat solidifié dans la cheminée : c'est un neck. Une cheminée de lave révélée par l'érosion donne un *culot* qui parfois atteint la centaine de mètres. Lorsqu'une cassure a été envahie par la lave, l'érosion différentielle dégage celle-ci de son enveloppe sédimentaire et donne un relief appelé *dyke*.

Des effusions de lave pénètrent des roches calcaires sans atteindre la surface. Mises en valeur par l'érosion, elles donnent des formes particulières : un *sill*, ou dégagement d'une lave s'étant infiltrée entre deux couches sédimentaires, un *laccolite*, si la lave a soulevé en dôme la partie supérieure de la couche sédimentaire (ainsi les Henry Mountains (Utah) qui culminent à 3 500 mètres).

Un volcan inactif depuis longtemps subit une profonde érosion* et les formes les plus profondes de l'édifice sont mises à jour. La structure interne montre un centre affaissé (subsidence), les couches de laves partent du centre en se relevant vers l'extérieur, leur pendage est monoclinal. Le relief est alors celui de vastes plans inclinés vers le centre et dont les talus font saillants vers la périphérie, un peu à la manière d'une cuesta. C'est un volcan écossais.

- **Les formes liées aux explosions volcaniques**

Elles résultent d'explosions violentes, qui détruisent le cratère primitif. Une partie de la montagne peut être emportée, comme ce fut le cas du Mont Saint Helens aux États-Unis. Ceci peut aussi produire un emboîtement de cratère comme au Vésuve.

Lorsque les explosions projettent d'énormes quantités de magma et ce de façon répétée, il se produit un vide dans la chambre magmatique qui entraîne un affaissement de l'édifice. Ce vaste effondrement peut atteindre le kilomètre de diamètre. Les bords de la cavité sont des escarpements de faille. C'est une *caldeira* : la baie intérieure de l'île de Santorin en est un exemple.

b – Les structures plissées : les chaînes de montagne du domaine alpin

Si les volcans sont les témoins de mouvements tectoniques brusques et rapides, les structures plissées des chaînes de montagne sont très différentes.

Le caractère fondamental de ces chaînes est de n'avoir pas connu d'aplanissement généralisé comme ce fut le cas des chaînes précambriennes et paléozoïques. Elles comprennent les plus hauts sommets du globe (Aconcagua : 6 959 m, Everest : 8 848 m, mont Blanc : 4 807 m), les plus vastes glaciers de montagne, les sommets se dressent en aiguilles majestueuses, l'énergie du relief est considérable (de 3 000 m dans les Alpes à plus de 5 000 m dans les Andes et l'Himalaya). Leur structure complexe (incluant des portions de socles, des volcans) se caractérise par une orientation dominante qui est celle de l'axe de la chaîne. La chaîne alpino-himalayenne est orientée ouest-est, de l'Atlantique jusqu'au Pacifique, tandis que les chaînes du continent américain sont d'axe méridien, se développant sur près de 19 000 km de l'Alaska à la Terre de Feu.

Les arcs de l'Atlantique (Caraïbes) et du Pacifique (des Aléoutiennes à l'Indonésie) font partie de cette famille structurale. Ils se sont formés sur une longue période depuis le Mésozoïque et le Cénozoïque et connaissent encore, pour certaines parties d'entre eux, des mouvements actuels (néotectonique).

Les chaînes de montagne sont l'expression du déplacement des plaques à la surface du globe. Elles sont le résultat d'une convergence des plaques. La nature de la convergence (subduction, obduction ou collision) donne à chaque chaîne son originalité. On distingue quatre types de chaînes.

L'Himalaya est le résultat du plongement de la plaque indienne sous le continent asiatique. Sa structure est très complexe : c'est un empilement de grandes nappes de charriage continentales qui explique l'épaisseur importante (70 km) de la croûte continentale sous l'Himalaya. Le déplacement des nappes est considérable (plus de 100 km).

Les Andes, résultat de la subduction de la plaque pacifique sous le continent américain, présentent une structure simple : des plis amples accompagnés d'importantes failles inverses, et une activité volcanique forte qui produit les plus hauts sommets de la chaîne.

Les Alpes offrent une structure complexe où les charriages sont importants et se font dans le même sens (vers le continent qui s'enfonce). Les empilements de croûte sont importants, créant un déséquilibre isostatique qui entraîne la remontée des zones métamorphiques profondes.

Les chaînes intracontinentales (Pyrénées, Caucase) montrent une structure un peu moins complexe, due à une situation de compression. Les failles préexistantes rejouent, des morceaux du socle sont portés en altitude et souvent la couverture sédimentaire se détache de son substratum cristallin et se plisse de façon indépendante, parfois sous forme de plissement gravitaire. Les effondrements en fin d'orogénèse sont fréquents (en témoignent les bassins des Pyrénées-Orientales).

c – Les éléments de relief en structure plissée (croquis n°10)

Ils présentent une grande diversité, due à la variété des types de plissement : un pli en éventail, un pli coffré n'aura pas le même aspect qu'un pli droit ou qu'une série isoclinale. Par ailleurs, l'érosion attaque les chaînes dès leur surrection ; selon l'âge du soulèvement et du rapport roche dure/roche tendre, le travail de l'érosion sera plus ou moins important, les formes seront soit structurales soit structurales dérivées.

Les formes structurales sont celles qui respectent la tectonique. Les anticlinaux correspondent aux points hauts de la topographie et les synclinaux aux points bas. Le morphologue les nomme « monts » et « vaux ». Ce type de relief est qualifié de jurassien, même s'il est loin d'y être souvent représenté. Ce relief conforme (sous-entendu conforme à la structure) présente des formes d'érosion qui n'altèrent pas les grands traits tectoniques. Un anticlinal peut être évidé par une dépression dominée par deux abrupts qui se font face : ce sont des crêts. La dépression est appelée une combe. Le plancher de celle-ci demeure à une altitude supérieure au val, le relief est toujours conforme.

Lorsque l'érosion approfondit la combe, elle peut dégager une deuxième couche dure et donne alors naissance à un mont dérivé avec une combe annulaire. Le dégagement de ce genre de relief s'explique par la position élevée des anticlinaux qui les désignent aux attaques de l'érosion facilitées par la fragilisation de la roche ayant subi de fortes contraintes tectoniques.

Si les roches tendres sont très épaisses, l'élévation structurale forte et les anticlinaux très ployés, les conditions sont réunies pour que l'érosion ait une action très efficace. Les anticlinaux sont éventrés, les synclinaux respectés. Il se produit une inversion de relief. Les points hauts structuraux correspondent aux points bas topographiques alors que les points bas structuraux se trouvent être les points hauts de la topographie. Les synclinaux sont plus élevés que les anticlinaux : ce sont des vaux perchés. Ils se reconnaissent nettement dans le paysage car ils sont délimités par deux crêts qui se tournent le dos et regardent vers l'extérieur. Ce relief « inverse » est donc un relief structural dérivé. Qu'il s'agisse de crêts d'une combe ou de ceux d'un val perché, ils forment des escarpements d'une énergie de plusieurs centaines de mètres.

C'est dans les structures charriées que l'on rencontre les plus grandes complications de formes. Lorsque le déplacement est nul ou faible, on a un simple chevauchement, mais l'amplitude du déplacement peut être considérable et la masse rocheuse allochtone (venant de l'extérieur) va recouvrir les couches autochtones. Cela peut donner lieu à des formes structurales, dans la mesure où les couches sédimentaires charriées peuvent avoir été plissées. Par la suite, l'érosion peut aussi dégager des combes dans la structure charriée, ouvrant une fenêtre sur le matériel sous-jacent. Mais la structure, très complexe, n'est pas toujours reconnaissable, à l'exception du front de charriage qui dresse un fort escarpement en avant de la zone chevauchée.

Croquis n° 10

Formes de relief dans une structure plissée

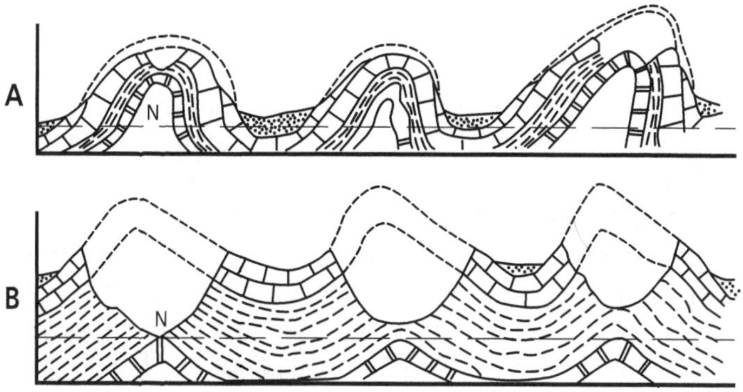

Calcaire dur supérieur

Couche dure inférieure

Couche tendre supérieure

Couche tendre inférieure

N : Niveau de base des vallées principales.

A : **Relief conforme :** les dépressions correspondent aux synclinaux, les points hauts aux anticlinaux, on a des monts et des vaux, le premier mont comporte une combe, le dernier un mont dérivé et une combe annulaire.

B : **Inversion du relief :** les points hauts topographiques correspondent aux synclinaux (val perché), les points bas aux anticlinaux.

Source : d'après Pierre Birot, *Morphologie structurale*, tome 1, Paris, Puf, 1958.

❸ Le réseau hydrographique et ses rapports avec la structure

Quel que soit le domaine considéré, celui des ensembles stables ou celui des zones instables, se pose le problème des relations du réseau hydrographique et de la structure. Deux cas se présentent : soit le réseau est adapté à la structure, soit il est inadapté.

L'adaptation est le cas le plus simple, mais pas le plus fréquent. Dans cette situation, le réseau hydrographique est guidé par la structure : suivant les points bas structuraux, sa direction est guidée par les déformations. Ainsi, le drainage d'un fossé tectonique est adapté si la rivière principale coule dans la zone affaissée et recouverte de roches tendres (adaptation structurale et lithologique) et si ses affluents proviennent des zones soulevées qui l'encadrent (partiellement le cas du Rhin). En structure plissée, les ruz dévalent le flanc des anticlinaux et alimentent les rivières qui suivent le synclinal. De même, si la rivière, à l'occasion d'un ensellement ou/et d'une structure en échelon, franchit l'anticlinal en formant ainsi une cluse, c'est encore une forme d'adaptation (c'est le cas de la cluse de Grenoble-Voreppe).

L'inadaptation est très fréquente : soit les rivières coulent en roche dure et non en roche tendre (inadaptation à la lithologie), soit les cours d'eau recoupent les accidents structuraux (failles ou plis.) Cette indifférence à la structure s'explique de deux façons, par l'antécédence ou la surimposition.

L'antécédence : le cours d'eau est antérieur au mouvement tectonique, sa vitesse d'enfoncement est supérieure ou égale à celle du mouvement de déformation. C'est le cas de la traversée par le Rhône du Grand Crêt d'Eau (Jura).

La surimposition : la rivière coule sur une surface qui masque la structure sous-jacente. Ce peut être une surface d'érosion ou une surface d'accumulation. La rivière coule suivant le sens de plus grande pente et, en s'enfonçant, met à jour la structure qui était masquée.

4 Les différents contacts entre les ensembles structuraux

Les bassins sédimentaires connaissent deux grands types de contact : avec les massifs anciens qui les entourent, ou avec une chaîne de montagne.

a – Les contacts entre un massif ancien et sa bordure sédimentaire

Les contacts avec un massif ancien* ou un bouclier et la couverture sédimentaire se font, essentiellement, de cinq façons.

• *Le contact par failles*

Le contact par failles ou par un ensemble de failles est fréquent, comme le montrent les bordures du Massif central avec le Bassin aquitain. Le raccordement entre les deux structures se fait par escarpement de faille ou de ligne de faille.

• *Le contact par « dépression périphérique »*

Le bassin sédimentaire se termine par une cuesta dont le front domine la surface du massif ancien : ainsi entre le massif du Morvan et le Bassin parisien. Le Morvan est un bloc basculé vers le nord, dont la pente s'incline doucement sous les couches sédimentaires du Bassin parisien. L'érosion différentielle a dégagé, dans les couches tendres, la dépression périphérique qui entoure le massif ancien dominé par le front qui le regarde. Les couches sédimentaires sont concordantes, il y a le couple roche dure/roche tendre, et le pendage vers le centre du Bassin parisien est en sens inverse du front, qui n'a pas de vis-à-vis. C'est donc bien une cuesta.

• *Le glint*

Le contact peut se faire par de très grand talus de roches résistantes dominant les vieilles roches du bouclier : c'est le glint.

• *Le contact par glacis*

Lorsqu'il n'y a pas de grands écarts dans l'échelle de dureté entre les roches du bassin sédimentaire et celles du massif ancien, on a un contact par glacis, l'érosion différentielle ne pouvant pas mettre en valeur les reliefs (bordure du Massif armoricain et Bassin parisien).

• *Le masquage du contact*

Le contact peut être masqué par une surface d'accumulation, souvent d'origine détritique, qui recouvre à la fois la surface du massif ancien et celle du bassin sédimentaire (nord-ouest du Massif central).

b – Les contacts entre bassins sédimentaires et relief plissé

Ce contact est toujours plus vigoureux que dans le cas précédent. En effet, la dénivellation entre le front de la montagne et le bassin sédimentaire est très forte, l'érosion est donc beaucoup plus puissante et les accumulations détritiques sont très importantes.

Ce contact se fait par un piedmont, qui est le raccord entre la montagne et la plaine à son pied. Quatre situations peuvent exister.

Le piedmont peut être formé par les accumulations issues de l'érosion de la montagne : les dépôts sont grossiers, mal triés, la roche est souvent de la mollasse et donne lieu a un réseau de croupes (ainsi l'Armagnac).

Deuxième cas de figure : les torrents qui descendent de la montagne perdent brutalement leur puissance du fait de la rupture de pente et déposent leurs charges, formant des cônes d'alluvion qui peuvent se coaliser et constituer un vaste cône de déjection, comme celui du Lannemezan. Sur cette surface, les rivières divergent, créant un réseau hydrographique original qui découpe le plateau en lanières.

Le contact peut encore se faire par dépôt d'accumulations glaciaires (lors des épisodes froids du Pléistocène) : les moraines ennoient le contact (dans le Dauphiné).

Le piedmont peut enfin être affecté par des plissements qui sont la continuation du mouvement orogénique (les Sivaliks, structure plissée au pied de l'Himalaya).

Conclusion

En domaine stable ou instable, la structure joue un rôle essentiel dans la mise en place des grands ensembles morphostructuraux. Les formes du relief en sont souvent la traduction. L'érosion s'attaque à ces formes structurales, mettant à jour les formes structurales dérivées. À plus grande échelle, le relief est sculpté en formes originales, c'est le modelé. Il faut maintenant envisager les formes d'action de l'érosion et ses résultats. C'est l'objet de la géomorphologie dynamique.

Bibliographie

COQUE Roger, *Géomorphologie*, Paris, Armand Colin, « U », 2002.

DERRUAU Max, *Précis de géomorphologie*, Paris, Masson et Cie, 1988.

III. L'érosion

La géomorphologie dynamique étudie l'érosion et ses résultats. L'analyse des processus de l'érosion permet de distinguer des combinaisons complexes d'actions que l'on appelle système d'érosion ou système morphogénétique. Les différents types de climats déterminent des systèmes d'érosion originaux.

Le résultat de l'action de ces systèmes se traduit par le modelé du relief, souvent des formes à grande échelle (métriques ou décamétrique) qui peuvent se répéter sur de longues distances, couvrant ainsi de vastes surfaces.

Le terme d'érosion peut avoir deux significations. Au sens strict et étymologique, c'est l'action d'enlever, de ronger les reliefs existants. Il faut lui préférer le sens large, qui associe trois actions : l'attaque des reliefs, le transport des débris et leur dépôt. L'érosion est ainsi un transfert de matières qui modifie la physionomie de la surface de la Terre. Ce transfert implique que l'on puisse et doive faire un bilan prenant en compte érosion et accumulation.

1 L'attaque de la roche

La roche est attaquée par des actions mécaniques, chimiques et biologiques.

a – Les actions mécaniques

Les actions mécaniques sont la fragmentation liée à la tectonique, la thermoclastie, l'hydroclastie, l'haloclastie et la cryoclastie.

Les roches ayant subi de fortes pressions internes sont fortement diaclasées, parfois fracturées (cassures sans dénivellation) et peuvent se fragmenter du fait d'actions mécaniques : décompression, appel au vide qui déclenchent l'écroulement de dalles de parois rocheuses, etc. La gravité joue le rôle essentiel. Les séismes sont l'un des éléments déclencheurs de ces effondrements.

La *thermoclastie* désigne l'éclatement de la roche en morceaux sous l'effet des variations de températures. Toutes les roches ne réagissent pas de la même façon : une roche sombre absorbe beaucoup plus la chaleur qu'une roche claire. Les différents cristaux ayant des coefficients de dilatation différents, des tensions se produisent, qui ébranlent la structure de la roche. S'il n'est pas certain que cela en entraîne la fragmentation, cela la prépare.

L'*hydroclastie* est l'alternance d'humectation et de dessiccation de la roche. Elle peut ébranler sa cohésion et la faire éclater. Les roches sédimentaires (argiles ou marnes) sont très sensibles à ce processus, qui les déstructure totalement. Leurs débris sont alors facilement entraînés par le ruissellement. Certains granits et dalles calcaires sont aussi sensibles à ces cycles humectation/dessiccation et sont altérés sur quelques millimètres d'épaisseur : c'est la desquamation.

L'*haloclastie* est l'éclatement de la roche sous l'effet du gonflement des cristaux de sel, qui exerce de fortes contraintes. Ce processus s'exerce sur les littoraux et dans les déserts chauds.

La *cryoclastie* est le phénomène le plus répandu et le plus actif. Une roche perméable, imbibée d'eau et qui subit le gel est soumise à de fortes pressions (l'eau augmente d'environ 10 % de son volume). Le type de porosité de la roche est important. Si les alvéoles sont trop grandes, la glace ne les remplit pas totalement, si elles sont trop petites, le volume d'eau est insuffisant pour que son augmentation par le gel exerce une pression efficace. Un grand nombre d'alternance gel/dégel finit par faire éclater la roche en morceaux. L'expérience montre que c'est le nombre d'alternances qui a la plus grande efficacité, et non l'importance du gel. Ainsi, le climat islandais, avec des alternances diurnes fréquentes et faibles (de - 6 à + 7 °C) est beaucoup plus efficace que le climat sibérien (grand froid à - 40 °C, étés chauds à + 30 °C).

b – Les actions physico-chimiques

Les actions qui déstructurent les roches et les décomposent sont soit le fait de la dissolution, soit celui de l'altération.

La *dissolution* s'attaque surtout aux roches sédimentaires carbonatées (les calcaires, la craie) ou aux évaporites (le sel, le gypse). C'est une réaction chimique qui entraîne certains éléments de la roche dans le liquide solvant. Les eaux météoriques chargées de dioxyde de carbone provenant du sol (respiration des racines, micro-organismes, matière organique décomposée) transforment le carbonate de calcium (insoluble) du calcaire en bicarbonate soluble. Les eaux froides sont beaucoup plus actives que les autres car elles peuvent contenir beaucoup plus de CO_2.

Le processus est réversible : les éléments dissous peuvent être restitués lorsqu'il y a saturation de la solution. Comme les eaux circulent aussi bien en surface qu'en profondeur, la dissolution se produit à tous niveaux et donne lieu à un relief particulier : le karst (encadré n° 13).

La dissolution peut produire une érosion différentielle : la dolomie est un carbonate double de calcium et de magnésium. Ce dernier est peu soluble, l'eau ne dissout que le carbonate de calcium, les faciès de magnésium sont mis en relief (paysage ruiniforme de Montpellier-le-Vieux).

L'*altération* désigne la transformation des propriétés physico-chimiques des minéraux par les agents atmosphériques, transformation qui rend les roches moins cohérentes. Trois processus sont à l'œuvre :

– l'hydratation provoque une augmentation de volume (ainsi des micas) qui détruit l'assemblage des grains de la roche ;

– l'oxydation transforme les carbonates et les sulfures en oxydes ;

– l'hydrolyse attaque surtout les roches silicatées, tels les granits. Elle provoque une réaction chimique complexe qui détruit les minéraux et contribue à la formation d'argile : kaolinites très pauvres en silice, montmorillonites plus riches en silice et illites intermédiaires entre les deux.

ENCADRÉ Nº 13

Le modelé karstique

Le karst désigne toute région calcaire où l'écoulement superficiel est quasiment absent, à l'exclusion des grandes rivières allogènes (venant de régions non karstiques), et où domine l'écoulement souterrain. La dissolution est le principal facteur d'érosion. Il faut distinguer les formes aériennes des formes souterraines.

En surface, lorsque la roche est nue, les plateaux calcaires présentent des ciselures qui entaillent la surface sur une profondeur allant du décimètre à plusieurs mètres. C'est un lapiez, champ de pierres qui rend pénible la marche et interdit toute mise en valeur agricole. Les plateaux sont parfois découpés par des dépressions fermées plus ou moins circulaires de petite taille (d'une centaine de mètres de circonférence et de quelques mètres de profondeur), les dolines. Des dépressions plus vastes, parfois dues à une coalescence de dolines, sont appelées ouvalas. Les poljés (le mot signifie « plaine cultivée ») sont des plaines karstiques, larges d'une centaine de mètres à un kilomètre, longues d'un à une dizaine de kilomètres. Les versants sont raides. Le fond plat, recouvert d'argile, est favorable à la culture. L'hydrographie est particulière : les rivières ou fleuves qui les traversent disparaissent dans un gouffre, le ponor, qui fonctionne de façon réversible, provoquant l'inondation du poljé lors des hautes eaux. Le fond du poljé est parfois encombré de tours, les hums. Les rivières allogènes, suffisamment alimentées pour pouvoir traverser la zone calcaire tout en restant en surface, la découpent de profondes vallées aux versants très raides, les canyons. Les « reculées » du jura sont des vallées aux parois abruptes qui échancrent le rebord du plateau. Elles sont fermées par un cirque d'où sort une résurgence.

Le karst à tourelle est une variante appartenant au monde tropical (comme la célèbre baie d'Along au Vietnam), karst ennoyé par la mer et d'où seules les tourelles émergent.

Les formes souterraines

L'eau qui s'infiltre par les fissures de la roche la dissout rapidement, créant des gouffres ou avens qui trouent la surface. Elles relient des galeries souterraines et des grottes dont certaines sont de taille monumentale et ornées de stalactites et stalagmites. Il existe un réseau hydrographique souterrain, avec parfois des passages sous pression (les siphons). Les eaux sortent du massif par des résurgences ou sources à fort débit dites vauclusiennes. Les accidents tectoniques jouent un rôle important dans le relief karstique (les failles sont à l'origine des grottes ou des avens, elles guident les écoulements souterrains).

En fonction du milieu on distingue deux évolutions possibles. En milieu alcalin, la silice est en grande partie éliminée au bénéfice des oxydes métalliques. C'est la ferrallitisation, fréquente dans les domaines tropicaux humides. On parlait autrefois de latéritisation. Ce processus produit une induration des sols, les rendant totalement improductifs. En milieu acide (forêt boréale, régions froides), la silice demeure et c'est l'aluminium et le fer qui migrent. C'est le phénomène de podzolisation, dégradation des sols qui deviennent très acides.

c – Les actions biologiques

La désagrégation de la roche commencée par des processus mécaniques et physicochimiques aboutit à la formation du régolite, manteau de débris qui n'est pas animé de mouvements et ne se trouve donc que sur des surfaces planes. Cette masse de débris permet très vite à des organismes inférieurs de s'installer et de trouver leur nourriture directement sur les minéraux. Il s'agit de bactéries, algues, champignons ou lichens. Puis apparaissent les mousses, qui occupent le centre des cercles dessinés par les lichens. Tous ces organismes produisent des acides qui attaquent les minéraux. Les mousses se gorgent d'eau, ce qui facilite les attaques physicochimiques. Le micro-sol ainsi formé permet l'installation de végétaux supérieurs dont les racines vont contribuer à la dislocation de la roche en s'insinuant entre les fentes, les diaclases. Les débris, en s'accroissant, permettent le développement des animaux depuis la mésofaune (acariens, lombrics) jusqu'aux insectes et animaux fouisseurs.

Toutes les actions décrites se font non pas isolément mais conjointement. L'attaque de la roche est le résultat de multiples actions, qui contribuent à la formation d'altérites plus ou moins épaisses : de plusieurs dizaines à plusieurs centaines de mètres sous climat chaud et humide, on parlera en décimètres sous climat sec, chaud ou froid. Sous climat désertique (froid ou chaud), les actions mécaniques dominent, alors que sous climat chaud et humide, les processus physico-chimiques l'emportent.

d – Le transport

Le manteau d'altérite n'est pas immobile, les éléments qui le composent se déplacent vers le bas du versant. Ils forment des colluvions (les alluvions sont des dépôts fluviaux, lacustres ou marins). La vitesse de déplacement est proportionnelle à la pente. Ces déplacements se font soit de façon individuelle, soit en masse, l'action de l'eau étant le plus souvent primordiale.

• Les mouvements individuels et de masse

Les déplacements par éléments se font soit par éboulisation, soit par reptation. La pesanteur joue un rôle essentiel.

On nomme éboulisation une chute de pierres isolées. Les blocs s'accumulent au pied du versant et forment un éboulis. Les matériaux les plus gros allant le plus loin, sa pente est fonction de la taille des éléments : plus ils sont gros, plus la pente est forte. Ce processus s'observe souvent en montagne au pied des grands versants rocheux. Leur coalescence forme de vastes cônes d'éboulis tels que les pierriers des Alpes.

La reptation (le *creeping* des Anglo-Saxons) est un déplacement grain à grain le long du versant. Plusieurs éléments sont à l'origine de ces déplacements. Ainsi, les « pipkrake », minuscules colonnes de glace, soulèvent les grains et les déplacent en fondant. L'écroulement d'un arbre perturbe le manteau de débris et entraîne l'écoulement des grains. Des animaux fouisseurs sont aussi des agents potentiels. La résultante de tous ces mouvements se fait toujours vers le bas de la pente (effet gravitaire).

Les déplacements en masse sont responsables de la mise en mouvement de volumes considérables, et sont souvent à l'origine de catastrophes. On distingue :

– l'éboulement, qui est l'écroulement d'un pan de versant et correspond au déplacement de terrains meubles ou rocheux le long d'une surface de rupture. Les causes sont multiples (fracturation, décompression, cryoclastie, séisme, etc.). Ils sont fréquents en montagne et en bord de mer ;

– la solifluxion, glissement superficiel de terrain lorsqu'il y a saturation d'eau. C'est un mouvement lent sur des pentes faibles à moyennes (5 à 30 %). Le déplacement peut atteindre quelques mètres par an et se traduit par un boursoufflement du terrain, les arbres présentant une inclinaison des troncs ;

– les coulées de boue sont des phénomènes plus marqués que la solifluxion. Elles présentent une cicatrice d'arrachement en amont (plusieurs dizaines de mètres de long sur quelques mètres de profondeur) avec des parois verticales, et s'achèvent par un bourrelet terminal. Leur compétence (taille des matériaux emportés) ainsi que leur charge sont fortes. Elles peuvent provoquer des catastrophes humaines.

Tous ces mouvements déplacent des volumes considérables de matériaux de façon discontinue dans le temps (encadré n° 14).

ENCADRÉ N° 14

La notion de discontinuité et de seuil

Cette analyse des mouvements de matériaux met en lumière l'importance des notions de discontinuité et de seuil. La discontinuité désigne, en géomorphologie, un élément de faiblesse : une diaclase au sein d'une roche ou bien encore la ligne de rupture entre une roche perméable et une roche imperméable. La discontinuité ne se produit pas n'importe où, n'importe quand. Il faut qu'il y ait un catalyseur : un séisme qui déclenche un écroulement de la montagne, une averse exceptionnelle, une grande tempête, etc. Il y a donc un seuil pour que la discontinuité se révèle. On distingue deux grands types de seuils : le seuil de manifestation (celui où il se passe quelque chose) et le seuil d'extinction (qui marque la fin de l'événement). Le seuil franchi, l'événement peut être bref ou long. Ceci conduit à la notion de crise (tectonique, climatique, érosive). Les pédologues ont théorisé cette notion sous le terme de biostasie, phase de stabilité biologique où l'érosion est très ralentie, la rhexistasie étant par opposition une phase d'instabilité et d'érosion accrues.

- **Les transports par ruissellement**

L'eau à la surface d'un versant, d'origine pluviale ou due à la fonte des neiges, va connaître une triple destination : une partie s'évapore, une autre s'infiltre, la troisième ruisselle. L'évaporation est due soit au retour direct de l'eau à l'atmosphère, soit à son utilisation par la végétation (évapotranspiration). L'eau qui s'infiltre peut soit rejoindre les nappes phréatiques, soit s'écouler librement, à faible profondeur, et rejoindre le bas du versant (écoulement hypodermique). Elle peut aussi être retenue par les particules du sol à cause de réactions physico-électriques (eau hygroscopique). La lithologie joue un rôle essentiel dans cette évolution. Un calcaire absorbe, un granit permet le ruissellement.

Avant de s'écouler, les gouttes de pluie ont une action érosive. L'impact au sol est appelé « effet splash ». Cette érosion pluviale peut être importante dans les régions à faible couverture végétale où les pluies sont violentes. Le ruissellement se fait de deux façons : il peut être diffus, sous forme de minuscules filets suivant la ligne de plus grande pente. Le moindre obstacle divise ces filets, qui n'ont que la force d'entraîner quelques grains dans le sens de la pente. Ce ruissellement favorise le *creeping* et emporte les colluvions au bas du versant.

Il peut aussi prendre la forme d'un ruissellement concentré. Lorsqu'un filet d'eau attire à lui les autres, il grossit et a alors une puissance érosive linéaire. Ceci apparaît particulièrement lors de grosses averses (climat méditerranéen). En terrain meuble et cohérent (argile, marne), le ruissellement peut créer des ravines. Celles-ci, reprises après chaque averse, peuvent atteindre des tailles importantes (incisions de plusieurs mètres). Ce processus est à l'origine des « bad lands », observés dans le Tennessee (États-Unis) ou en France dans le bassin de la Durance.

Toutes ces actions attaquent la surface, c'est l'érosion aréolaire. L'érosion est aussi linéaire et la résultante de son action est alors verticale : c'est essentiellement le cas de l'érosion fluviatile.

❷ L'action des fleuves et rivières : érosion, transport, accumulations

a – L'érosion fluviatile

La puissance érosive d'un cours d'eau est fonction de sa masse et de sa vitesse. La pente est le facteur fondamental de la vitesse. Toute modification de la pente entraîne une modification de la puissance du fleuve : si la pente s'accroît, le cours d'eau érode et transporte plus, si elle diminue, il dépose et accumule. Toute modification du profil de la pente se répercute sur l'ensemble du cours d'eau et s'y trouve transcrite. Ces modifications se font à partir d'un niveau appelé niveau de base. Il peut être local (lac, confluence, bas du versant) ou bien général (le niveau de la mer). La charge du cours d'eau est essentielle dans sa capacité érosive. Les galets, les graviers et le sable frottent sur le fond du lit et sur les berges. Ainsi, en montagne, on trouve dans les trous qui perforent le fond du lit les gros galets qui ont provoqué leur formation.

Le torrent est un cours d'eau à débit rapide, à écoulement épisodique et de taille réduite. Il est facile à observer et a servi de laboratoire naturel pour étudier les modes d'action de l'érosion fluviale. Il est composé de trois parties :

– le bassin de réception, lieu où se rassemblent les eaux de ruissellement et où l'érosion est dominante ;

– le chenal d'écoulement, lieu d'incision verticale et de transport des débris arrachés à la montagne ;

– le cône de déjection est la zone d'accumulation, le torrent ayant perdu sa vitesse par diminution forte de la pente.

Le travail érosif du torrent se fait à partir du niveau de base et se répercute vers l'amont : c'est l'érosion régressive. Selon la vitesse, l'écoulement est soit turbulent, soit laminaire (les filets d'eau coulent parallèlement à eux-mêmes, la surface est calme). C'est l'écoulement turbulent qui est efficace du point de vue érosif. La capacité de transport est le volume maximal qu'un cours d'eau peut transporter, la compétence est le calibre maximal du matériau mis en mouvement.

Les modes de transport sont différents : par roulage sur le fond de la rivière pour les plus gros matériaux, par saltation (par bonds), par suspension et enfin par dissolution. Selon la nature du fleuve et la position entre l'amont et l'aval, les modes de transport varient. Les plus grossiers sont réservés à la partie amont et aux torrents, le mode suspension et dissolution aux grands fleuves de plaine. Une règle générale est celle de l'amenuisement des matériaux au fur et à mesure que l'on va vers l'aval.

b – Profil et tracé des fleuves et rivières

• Le profil en long

Il présente une forme concave tournée vers le ciel. Ce profil est accidenté de creux profonds (les mouilles) séparés de hauts fonds (les seuils). La pente est plus forte en amont qu'en aval. Le profil d'équilibre* est atteint lorsque le fleuve a juste la force de transporter sa charge il n'y a alors ni érosion ni accumulation. C'est un stade théorique dont le cours d'eau se rapproche. Ce profil est dynamique et en évolution constante en fonction des variations de vitesse et d'apport de charges. Il n'est pas rare que le profil d'équilibre soit rompu par de fortes ruptures de pente (chutes Victoria sur le fleuve Zambèze).

• Le profil en travers

Il comprend plusieurs parties.

Le chenal d'étiage est la partie la plus étroite du fleuve, celle qui est toujours remplie d'eau même en période de très faible débit.

Le lit mineur ou lit ordinaire est délimité le plus souvent par deux berges, c'est le passage des hautes eaux du fleuve.

Le lit majeur ou plaine d'inondation est occupé occasionnellement par les eaux du fleuve lors des crues. Il est souvent encombré de végétation et d'îles, témoins de la dernière crue.

Sa mis en valeur par l'homme pose de graves problèmes lors des crues exceptionnelles.

• Le tracé des fleuves

Le tracé des fleuves est d'une très grande diversité, on distingue quatre grandes variétés :

– les fleuves au tracé rectiligne ou dessinant de faibles sinuosités, qui sont de petits fleuves de plaine ou des torrents de montagne profondément encaissés ;

– les fleuves à train de méandres. Ce sont des sinuosités bien marquées dont le profil en travers est dissymétrique : la rive concave, sapée par la rivière, est abrupte alors que la rive convexe, en pente faible, est une zone d'accumulation. Les méandres sont divagants lorsqu'ils se déroulent au sein du lit majeur, encaissés lorsqu'ils emplissent toute la vallée. Les méandres migrent vers l'aval du fait du dynamisme de la rivière : un méandre a tendance à exagérer sa courbure jusqu'à ce qu'il y ait recoupement, un méandre abandonné forme un étang qui se comble lentement (oxbow) ;

– les rivières à « chenaux en tresse » sont celles dont le lit est large, parcouru de bras qui enserrent des îles très instables changeant fréquemment de forme et de place au gré des crues. C'est une forme caractéristique des cours d'eau à forte pente et aux variations de débit importantes ;

– les rivières à chenaux anastomosés présentent un chenal divisé entre de nombreuses îles, mais celles-ci sont plus stables que dans le cas précédent. Le débit de la rivière est plus lent et ses variations moins fortes.

Certaines rivières ou fleuves marquent dans leur tracé des coudes très brusques (ainsi la Moselle à Pagny-sur-Moselle) : ce sont des coudes de capture lorsque la rivière, captée par une rivière conquérante, change de bassin hydrographique. Ceci peut avoir plusieurs causes. Le cours d'eau conquérant peut :

– soit être en position topographique plus basse et bénéficier ainsi, lors d'une crue, du déversement du cours d'eau plus élevé ;

– soit être mieux alimenté et avoir une puissance érosive supérieure.

Un événement tectonique tel qu'une subsidence peut détourner un fleuve de son cours antérieur, un coude prononcé marque le changement de direction (la Loire à Orléans).

Les grands organismes (le Rhin) présentent des versants de vallée découpés par des espaces horizontaux qui dominent le fond de la vallée : les terrasses (encadré n° 15).

ENCADRÉ N° 15

Les terrasses alluviales

La terrasse découpe le tracé en travers du chenal. C'est une surface plate bordée par un abrupt qui regarde vers le talweg. L'autre rive présente une forme symétrique. Les alluvions du fleuve sont les matériaux qui composent ces formes. Les terrasses sont des héritages témoins de phases d'accumulation et d'érosion successives. Lorsque que la puissance de la rivière diminue, elle dépose sa charge, puis retrouvant sa force, elle s'enfonce dans le dépôt précédent.

Il peut y avoir plusieurs terrasses. Longtemps estimées comme des marques du changement du niveau de base général, elles sont aujourd'hui considérées comme les témoins des différents épisodes climatiques du Pléistocène. Lors des périodes froides, le régime des fleuves est amoindri et les débris de l'érosion (cryoclastie) encombrent le lit (accumulation). Lors de la période de réchauffement, le dégel fournit des eaux abondantes et le fleuve érode et s'enfonce.

Les rivières et fleuves jouent un rôle considérable dans la topographie du relief terrestre. Il existe toutefois d'autres éléments majeurs de transport et d'érosion à la surface du globe : l'érosion glaciaire et l'érosion éolienne. L'érosion marine, compte tenu de sa spécificité, sera étudiée dans le chapitre traitant des littoraux.

3 L'action des glaciers

La neige, lorsqu'elle ne fond pas, se transforme peu à peu en glace. La pression exercée par son poids et les actions répétées de fusion/regel chassent l'air emprisonné, qui représente 99 % de la neige. Les cristaux de glace se soudent, la densité s'accroît

(0,91) et un névé se forme, premier stade du glacier. Au bout de plusieurs années, le névé devient un glacier.

a – Les différents types de glaciers

Les glaciers couvrent une surface d'environ 15 millions de km^2 et représentent 98,5 % du volume d'eau douce du globe. On distingue, en fonction de leur taille, de leur mode d'écoulement et de leur action morphologique, trois types de glaciers.

D'abord les calottes glaciaires appelées inlandsis, comme le Groenland et l'Antarctique.

Ensuite les glaciers de plateau, d'importance régionale mais n'excédant pas 10 000 km^2. Ils présentent une forme en dôme, peu influencée par le relief qu'ils recouvrent. Les plus remarquables sont sur les plateaux norvégiens, en Alaska et en Islande (le Vatnajökull, 8 390 km^2). Ils sont dominés par des pics rocheux qui portent le nom esquimau de nunatak. Ils ont des émissaires qui descendent dans les vallées.

On trouve en dernier lieu les glaciers de montagne ou glaciers alpins, de taille plus réduite et guidés par le relief.

b – La dynamique glaciaire

Un glacier dépend de facteurs climatiques : régime des précipitations neigeuses, températures, humidité de l'air, rayonnement solaire, vent. L'exposition joue aussi un rôle important. Ce système hydroclimatique s'évalue par un bilan de masse qui est la différence entre l'accumulation et les pertes par ablation au cours d'une année. La ligne d'équilibre sépare la zone d'accumulation de la zone d'ablation.

Le régime thermique du glacier est essentiel pour expliquer ses déplacements : il est fonction des échanges avec l'atmosphère, du flux géothermique, de la pression de la glace et des forces de friction. On en distingue deux types : d'une part, les glaciers tempérés dont la température de surface varie avec les saisons et dont la température en profondeur se rapproche du point de fusion. Il y a alors un écoulement d'eau entre la base rocheuse et le glacier, ce qui en facilite le déplacement.

Comme il y a des alternances de fusion et de regel, l'érosion est active. D'autre part, les glaciers polaires, ou glaciers froids qui ont une température négative sur toute l'épaisseur. Ils reposent sur la roche gelée. L'action érosive est alors nulle. Le glacier protège le versant et le déplacement se fait par déformation plastique.

Croquis n° 11

Profil longitudinal d'une vallée glaciaire

Profil du glacier

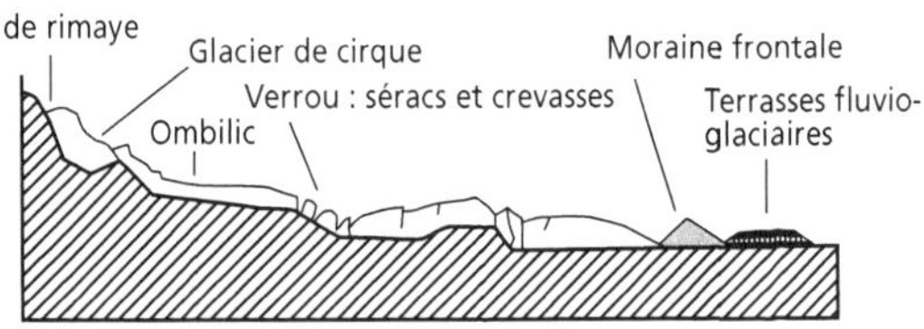

Profil de la vallée, le glacier ayant fondu

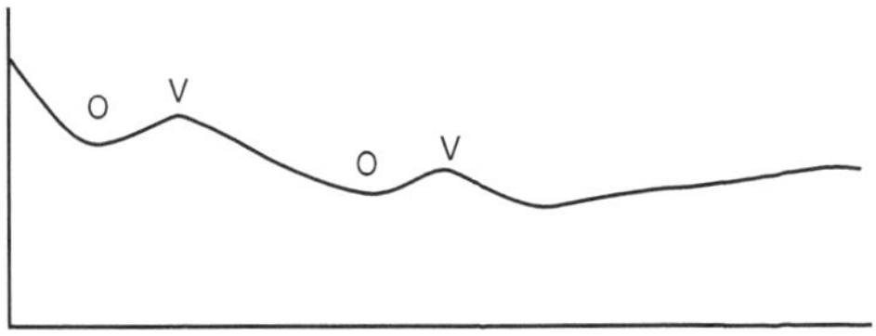

O = Ombilic V = Verrou

Source : d'après Pierre Pech et Hervé Regnauld, *Géographie physique*, Paris, Puf, 1992.

La vitesse de la glace dépend de l'importance de la pente, mais aussi de la masse et de l'épaisseur du glacier. La vitesse n'est pas égale. Elle est plus importante au centre que sur les bords, ce qui se traduit par des bandes transversales alternativement blanches et grises (les bandes de Forbes[1]). De forme ovale, chaque couple correspond à une année. Ces bandes sont concaves vers l'amont.

1. Naturaliste écossais qui étudia la Mer de Glace au milieu du XIXe siècle.

L'écoulement de la glace est laminaire (les filets de glace s'écoulent parallèlement entre eux). La topographie sous-glaciaire a une forte influence sur la morphologie du glacier. Quand les ruptures de pente de la base rocheuse provoquent des accélérations trop fortes pour la viscosité de la glace, celle-ci se rompt : ce sont les crevasses ou séracs (croquis n° 11).

c – Érosion, transport et accumulations glaciaires

L'érosion du glacier a été longtemps objet de débat. Aujourd'hui, on considère qu'un glacier présente des capacités érosives liées aux matériaux qu'il transporte. Sur le fond du glacier, lorsqu'il y a un film d'eau, la glace peut racler la roche, l'user avec le frottement des galets : il y a polissage. Le frottement des pierres entraîne des stries visibles. Dans les roches tendres ou fragilisées par un réseau de diaclase, des blocs peuvent être arrachés (c'est le quarrying).

L'érosion est différentielle : les roches tendres sont excavées et donnent des ombilics. Lors du retrait du glacier, ces ombilics sont transformés en lacs. Les roches dures donnent des verrous qui resserrent la vallée. Longtemps site défensif avec des châteaux, ce sont aujourd'hui des sites de barrages de retenue.

Un glacier est un agent de transport colossal, sa compétence est quasi illimitée et sa charge considérable. Celle-ci est totalement hétérométrique, depuis de fines particules (la farine glaciaire) jusqu'aux énormes blocs tombés des versants qui dominent le glacier. Ces accumulations sont appelées des moraines. On distingue :

– les moraines latérales, accumulées au pied des versants qui encadrent le glacier ;

– la moraine médiane : lorsque deux langues glaciaires confluent, leurs moraines latérales se joignent et forment une moraine au centre de la langue glaciaire ;

– la moraine de fond, constituée des morceaux arrachés à la base rocheuse du glacier et des blocs s'enfonçant progressivement depuis la surface ;

– la moraine frontale, masse de débris poussée en avant du glacier, qui lors de son recul constitue un vallum morainique à la convexité tournée vers le bas de la vallée.

L'originalité de l'action des glaciers est sa compétence, l'importance des accumulations morainiques et sa capacité à transporter des charges à contre-pente.

4 L'action du vent

Le vent est un agent d'érosion tout aussi original mais aux actions très différentes. Il souffle sur la totalité du globe avec une action érosive très inégale, qui n'intervient que sur les régions où la végétation est faible ou inexistante. La présence d'humidité est un facteur de blocage très important.

Agent érosif très sélectif, sa compétence est limitée aux poussières et aux grains de faible taille (2,5 mm maximum). Son action dépend essentiellement de son mode d'écoulement. Lorsqu'il est peu rapide, son écoulement est laminaire. Lorsque sa vitesse augmente, il se heurte à la rugosité de la surface qu'il survole, son écoulement devient alors turbulent et lui donne une capacité érosive non négligeable. Comme la vitesse est l'élément essentiel, les vents de tempête même rares sont beaucoup plus efficaces que les vents faibles ou moyens même très réguliers. La notion de seuil est ici fondamentale.

L'action du vent sur les fines particules est très efficace. La terre des champs labourés des régions semi-arides du Middle West américain a ainsi été enlevée et plusieurs millions d'hectares ont été perdus pour l'agriculture (lors du Dust Bowl).

Sur les surfaces dénuées de végétation, le vent agit par déflation (les grains fins sont enlevés et ne subsistent que les gros débris sur la surface rocheuse). Ce cas est très fréquent dans les déserts, où ces surfaces sont appelées des regs. Armé de ces grains de sable, le vent attaque les rochers et les polit sur le premier mètre de hauteur : c'est la corrasion éolienne.

Dans des sédiments tendres (argile) et dans les régions sèches, le vent peut dégager des couloirs d'érosion en ne laissant subsister que les portions les plus résistantes ou surmontées d'une maigre végétation ; ce sont les yardangs (Asie aride).

Le vent est un agent de transport fondamental. Les poussières (moins de 0,008 mm) sont emportées en suspension et peuvent atteindre de très hautes altitudes. Les sables fins sont entraînés par saltation (bonds successifs) sur une hauteur ne dépassant pas un à deux mètres. Les sables plus gros sont roulés.

Lorsque la charge excède la puissance du vent et/ou s'il est freiné par un sol recouvert de végétation, il la dépose. Lors des épisodes froids du Pléistocène, les vents issus des inlandsis ont entraîné de fines poussières riches en calcaires et les ont redéposées plus loin. Le lœss, sédiment éolien, couvre de vastes surfaces en Eurasie et en Amérique.

Ces accumulations peuvent prendre la forme de dunes, soit en bordure des littoraux soit dans les déserts. Elles présentent une forme dissymétrique : la pente au vent est douce (moins de 10 %) alors que la pente sous le vent est beaucoup plus forte (jusqu'à 35 %) et dépend de la taille des matériaux. Les dunes sont mobiles et se déplacent dans le sens du vent dominant.

5 L'action anthropique

L'homme est un agent érosif de plus en plus important. Son rôle est ancien et date de la préhistoire. Le développement de l'agriculture et de l'activité pastorale a marqué l'accélération de l'érosion dans des domaines fragiles comme les milieux semi-arides. Les chercheurs américains ont créé la notion d'érosion accélérée. L'expression ne concernait originellement que les sols mais a été reprise par les morphologues, pour désigner un changement de vitesse dans l'érosion des formes. Là encore la notion de seuil est mise en évidence.

Les formes d'action des sociétés sont multiples, et leur puissance s'est accrue avec la révolution industrielle. L'extraction de minerais indispensables à l'industrie crée par exemple des modelés originaux : excavations à l'air libre des grandes carrières de cuivre, de charbon, recherche des schistes bitumineux, etc. Dans les pays miniers, les terrils, collines formées des mortsterrains, sont la marque paysagère des pays charbonniers. L'abandon des mines devenues non rentables pose de graves problèmes de terrain (effondrement).

La construction des barrages a également provoqué une transformation profonde du régime des fleuves, empêchant le transport fluvial des sédiments arrachés aux bassins versants. Ce qui se traduit par un appauvrissement considérable des apports à la mer, par un déficit sédimentaire des grandes accumulations littorales et par leur érosion (recul du delta du Nil).

Les prélèvements de sables, graviers et galets sont aussi une cause d'amoindrissement des littoraux. Ainsi, la flèche du Hourdel en Picardie, la plus grande de France, subit d'importants retraits de galets. Lors des grandes tempêtes de vive eau, le marais en arrière du cordon, riche zone agricole, est fréquemment ennoyé.

L'érosion des sols est enfin accrue par la déforestation, le surpâturage ou le retour trop fréquent du brûlis. Les versants désormais mis à nus sont incisés par de profonds ravins. D'immenses surfaces sont ainsi perdues.

Conclusion

Les systèmes d'érosion donnent aux paysages leur originalité en modelant les reliefs. Leur action est très inégale selon les climats, mais comme ceux-ci ont beaucoup changé au cours des temps géologiques, le travail de l'érosion se marque dans des héritages qui sont parfois les éléments essentiels du paysage. Les rythmes de l'érosion sont donc très divers, mais partout ils sont considérablement accélérés par l'action anthropique. L'homme est devenu le premier agent d'érosion, le plus souvent à ses dépens. Les sociétés étant très inégales par leur richesse, toutes ne souffrent pas au même degré, les nations des pays dits du « Sud » étant le plus sujettes à ces nouveaux dangers. La prise de conscience de ces risques est un des fondements des sciences du développement durable.

Bibliographie

BIROT Pierre, *Les Processus d'érosion à la surface des continents*, Paris, Masson, 1981.

VEYRET Yvette *et al.*, *L'Homme et l'Érosion*, Paris, Sedes, 1997.

TROISIÈME PARTIE

L'enveloppe vivante : la biosphère

Hormis les domaines extrêmes tels calottes glaciaires, déserts, sommets les plus hautes montagnes, le globe terrestre est majoritairement paré d'une couverture végétale et parcouru par des animaux. Ces derniers sont d'ailleurs presque omniprésents grâce à leur capacité de déplacement, sur terre, sur mer où dans les airs. La vie, en tant qu'élément fondamental des paysages, est l'objet d'étude de la biogéographie. Cette communauté vivante constitue une biocénose. Au sein de cette dernière, ce sont les plantes qui attirent le plus l'attention du géographe car n'ayant pas la mobilité des animaux, elles sont en liaison plus étroite avec le milieu physique dont elles ne peuvent s'extraire.

Cette biocénose est en relation directe avec tous les éléments de géographie physique précédemment étudiée : le climat, la nature des roches et de leur disposition et la fine particule qui les recouvre : le sol*, qui fournit les éléments essentiels à la nutrition des plantes.

L'homme est l'un des éléments de la biosphère, il ne cesse d'intervenir, de modifier, modeler le monde physique et le monde du vivant. Son intégration dans la réflexion des géographes physiciens a permis l'émergence d'un nouveau concept, celui de géosystème, qui fait l'objet de la quatrième partie.

Après avoir présenté les principaux éléments de la biosphère et le vocabulaire particulier qui permet de la décrire et de l'analyser, nous étudierons les grands biomes* du globe terrestre (un biome est une unité biogéographique composée d'une formation végétale et du monde animal qui lui correspond, la forêt par exemple).

❶ Notions élémentaires de physiologie végétale

À l'exception des dorsales océaniques où se trouvent les fumeurs (voir chapitre II, première partie), la vie n'est possible sur terre que grâce à la réaction dite de photosynthèse.

a – Photosynthèse et autotrophie

L'autotrophie est la capacité des plantes à produire de la matière organique à partir de matière minérale. Les organismes autotrophes au carbone (ainsi les algues) sont capables de se développer dans un milieu ne contenant que du carbone minéral, contrairement à un organisme hétérotrophe qui devra se procurer des molécules organiques pour vivre (les champignons, les animaux, l'homme).

La photosynthèse est l'élaboration de substances organiques carbonées par les plantes lors de réactions photochimiques et chimiques. Ces réactions se font à partir d'eau, de dioxyde de carbone et de sels divers avec rejet de dioxygène. L'énergie est fournie par les radiations solaires comprises entre 400 μ et 750 μ (plus courtes ou plus longues, elles sont néfastes à la réaction).

L'assimilation chlorophyllienne permet la formation de glucose dans les cellules des végétaux. Dans les algues et dans les feuilles vertes des plantes, la photosynthèse est réalisée par des organites situés à l'intérieur des cellules végétales, appelés chloroplastes.

La photosynthèse dépend essentiellement de trois facteurs : les radiations lumineuses, la température et la teneur en dioxyde de carbone de l'atmosphère.

Les *radiations lumineuses* : la pénétration de la feuille par la lumière est indispensable à la photosynthèse. Toutes les feuilles ne réagissent pas de la même manière, et l'on distingue deux grandes catégories de feuilles et de plantes : les sciaphytes qui n'ont pas besoin de beaucoup de lumière pour assimiler, qui sont les plantes et les feuilles d'ombre. Les héliophytes assimilent mieux avec beaucoup de lumière, ce sont les plantes colonisatrices des terrains découverts. La photopériode est la réaction de la plante à la durée de l'éclairement au cours de la journée. On distingue les plantes à jour court, localisées surtout dans les régions intertropicales, des plantes à jour long des moyennes et hautes latitudes. Certaines plantes sont indifférentes au photopériodisme.

La *température* : la photosynthèse augmente avec la température. Mais comme la respiration de la plante croit également avec la température, cette dernière perd alors du carbone. Il y a un optimum de température au-delà duquel ce qui est perdu par la respiration est supérieur à ce qui est gagné par l'assimilation. Cet optimum est variable selon les plantes et détermine en grande partie leur localisation selon les zones climatiques. L'optimum thermique se situe entre 20 °C et 30 °C.

La *teneur en dioxyde de carbone de l'atmosphère* est un élément le plus souvent limitatif car même si les autres facteurs (ensoleillement et température) augmentent, cette augmentation est inutile si la réserve de dioxyde de carbone s'épuise.

La teneur en dioxyde de carbone a varié au cours des périodes géologiques ; en des temps reculés, elle était très certainement supérieure à la teneur actuelle, ce qui expliquerait l'exubérance végétale du carbonifère. Les débris des immenses forêts de cette époque ont permis les formations de charbon. La diminution de la teneur en dioxyde de carbone est due à sa fixation sous forme de calcaire, sous l'action des algues et des animaux qui fixent ce calcaire.

La teneur actuelle en dioxyde de carbone est variable. Il est moins dense là où l'air est raréfié : haute montagne, mais aussi à l'intérieur d'une forêt où les 50 premiers centimètres sont plus riches que les couches supérieures. Les émissions volcaniques entraînent une augmentation du dioxyde de carbone dans l'atmosphère.

b – Les constituants des végétaux

L'eau est l'élément vital de la plante. La substance verte est à 90 % composée d'eau. Elle contrôle l'assimilation chlorophyllienne, la transpiration et la respiration, donc l'ouverture ou la fermeture des stomates. C'est le mode de transport de tous les éléments prélevés dans le sol ainsi que de ceux qui sont synthétisés par l'assimilation chlorophyllienne. Elle permet ainsi l'alimentation de la plante. Pour les plantes non ligneuses, elle est le squelette qui leur permet de se dresser au-dessus du sol.

L'eau est prélevée et acheminée par osmose[1], processus qui permet l'extraction de l'eau et des molécules nutritives du sol ainsi que la circulation interne à la plante. La pression osmotique de la plante doit être supérieure à celle des éléments qui l'entourent pour qu'elle puisse extraire de son environnement ce dont elle a besoin. La différence de concentration entre les cellules végétales et le milieu environnant provient d'une part de la photosynthèse, qui produit du sucre et accroît la concentration, et d'autre part de la transpiration, qui entraîne une perte d'eau de la plante.

La transpiration est un phénomène physique qui se traduit par une perte d'eau à la surface des organes de la plante sous forme de vapeur d'eau. Elle se produit soit par la surface de la feuille (c'est la transpiration cuticulaire) soit par les stomates. La transpiration stomatique est 8 à 10 fois plus importante que la transpiration cuticulaire. Cette transpiration est accrue par la température et elle est proportionnelle à l'humidité relative. Aussi le vent joue-t-il un rôle important dans la transpiration car il augmente localement, autour des feuilles, le déficit de l'humidité relative.

L'évapotranspiration désigne l'eau qui a été prélevée dans le sol par la plante, puis transpirée par elle ainsi que l'évaporation du sol lui-même. Cette eau rejoint ainsi l'atmosphère et participe au grand cycle de l'eau (première partie, chapitre III).

1. Osmose : phénomène de diffusion à travers une membrane semi-perméable d'un liquide moins concentré vers un liquide plus concentré. La pression osmotique est la pression minimum qu'il faut exercer pour empêcher le passage d'une solution moins concentrée vers une solution plus concentrée à travers une membrane semi-perméable.

c – Les adaptations des végétaux

Les plantes terrestres (nous excluons celles du biome marin et les biomes aquatiques en général) réagissent à l'excès d'eau ou au contraire au manque d'eau par des adaptations soit morphologiques soit physiologiques. On distingue deux cas extrêmes.

Dans le cas d'un excès d'eau, les plantes qui s'adaptent sont des hydrophytes. L'excès d'eau provoque un manque d'oxygène qui fait obstacle à la respiration. Ainsi dans les mangroves (végétation développée sur le littoral tropical), les arbres possèdent des racines aériennes (les pneumatophores) qui leur permettent de respirer. D'autres plantes aquatiques ont la propriété de flotter (les nénuphars) grâce à leur feuilles gonflées qui facilitent leur respiration.

Dans le cas d'un manque d'eau, on parle de plantes xérophytes. Ce manque d'eau est dû soit à la faiblesse des précipitations et à la chaleur responsable d'une forte évaporation, soit à une trop forte rétention de l'eau dans le sol (c'est par exemple le cas du sable où l'eau circule facilement et disparaît en profondeur).

Dans ces deux cas, l'adaptation physiologique consiste essentiellement dans l'augmentation de la pression osmotique des liquides cellulaires, permettant aux racines de prélever le peu d'eau que contient le sol. On a mesuré des pressions comprises entre 30 et 100 atmosphères chez des plantes vivant dans les déserts ou dans des milieux salés (marais maritimes).

Les adaptations morphologiques donnent un aspect très caractéristique à ces plantes. La cuticule devient très épaisse, souvent imprégnée de gomme et de résines qui les rendent imperméables. Les feuilles se transforment en élément ligneux, tel des épines (ainsi le Saxaoul dans le désert d'Asie centrale, ou bien le baobab en Afrique). La succulence est également une adaptation de la plante au manque d'eau[1]. Les feuilles des cactées des

1. Succulente : plante à l'aspect charnu, dont les tissus peuvent constituer des réserves d'eau (cactées des régions semi-arides des Amériques, euphorbes du domaine méditerranéen).

déserts d'Amérique sont des réservoirs pouvant contenir jusqu'à 1 m^3 d'eau. Le nanisme est aussi une réponse à ce déficit hydrique, la plante présentant alors un port en coussinet, en boule. En haute montagne ou en zone arctique, le nanisme permet de résister contre le froid et le vent.

ENCADRÉ Nº 16

Quelques éléments de vocabulaire pour comprendre le monde du vivant

La classification des organismes vivants s'appelle la taxinomie. Le taxon est une unité de classification hiérarchique des êtres vivants. L'espèce est l'unité taxonomique fondamentale. On distingue l'espèce (ex. l'homo sapiens), le genre (homo), la famille (hominoïde), l'ordre (primate), la classe (mammifère) et l'embranchement (vertébré).

L'espèce regroupe des individus présentant des aspects semblables, des caractères physiologiques identiques et pouvant donner par fécondation des individus similaires.

Il existe de nombreux classements des végétaux. Celui qui intéresse le plus le biogéographe a été fait par le botaniste danois Raunkiaer, qui valorise l'aspect physionomique.

- Les *phanérophytes* : ils sont tous ligneux et ont une partie extérieure pérenne : les arbres, arbrisseaux (le chêne).
- Les *chaméphytes* : ils sont ligneux ou herbacées et ont une tige de 25 à 30 cm de hauteur : végétaux en boules et coussinets (la bruyère).
- Les *hémicryptophytes* sont des herbacées dont les bourgeons sont à la surface du sol ou dans le sol.
- Les *cryptophytes* : la partie aérienne de la plante disparaît après la fructification (muguet), mais ils gardent la partie souterraine. Sur Terre, ce sont des géophytes. Ils sont tous herbacés.
- Les *thérophytes* : plantes annuelles qui meurent après la fructification. Ils sont tous herbacés.
- Les *épiphytes* forment une catégorie particulière : ils vivent sur d'autres végétaux et sont sans rapport avec le sol.

Le spectre biologique est la proportion de chacun de ces types entrant dans la composition d'un ensemble végétal.

Pour lutter contre le manque d'eau, les racines ont un développement considérable, elles sont parfois dix fois plus développées que la partie extérieure de la plante. Racines pivotantes, elles plongent loin dans le sol pour aller chercher l'eau, et si le sol présente des encroûtements, elles se développent latéralement sur des dizaines de mètres.

D'une façon générale les plantes réagissent aux difficultés extérieures par la caducité de leur feuillage : c'est le cas des arbres des régions tempérées qui, pour lutter contre la baisse de la température et la diminution de l'éclairement, perdent leurs feuilles pendant la mauvaise saison. La perte des feuilles peut aussi être une réponse au manque d'eau. Les plantes ne présentant pas d'adaptation aux mauvaises conditions réagissent autrement : ainsi les éphémères accomplissent leur cycle végétatif sur une courte période (de quelques semaines à quelques mois) et disparaissent à la mauvaise saison, les graines ne germant qu'avec le retour de conditions favorables.

Ces différentes adaptations au milieu se traduisent donc par l'aspect de la plante, et on a depuis longtemps classifié les plantes en fonction de leur aspect extérieur (encadré n° 16).

2 Notions élémentaires de pédologie

La pédologie est la science qui étudie les sols. L'altération de la roche par la météorisation est le support du sol (deuxième partie, chapitre III). Le sol est une formation de surface composée d'éléments minéraux et organiques provenant de la transformation de la roche mère. C'est un milieu vivant. Il procure à la végétation les éléments qui ne lui sont pas fournis par la photosynthèse, et c'est dans la très grande majorité des cas le support de la végétation. Lorsque seule la partie minérale est présente, cas rare que l'on rencontre sur les fortes pentes de la haute montagne ou dans les zones hyperarides ou polaires, on parle de régolithe.

La nature du sol est fonction à la fois de la nature de la roche mère, du climat et de la végétation. Il se compose de trois parties : une partie solide, une partie liquide (les solutions dans le sol) et une atmosphère qui est assez différente de l'atmosphère terrestre.

Une coupe verticale fait apparaître des bandes horizontales étagées les unes au-dessus des autres et de couleurs différentes. Ce sont les horizons. Dans un climat à pluviométrie régulière, n'ayant pas de saison sèche trop marquée, l'eau migre de haut en bas. On distingue trois horizons qui sont désignés par des lettres : A, B, C. Il existe des différenciations à l'intérieur de ces horizons, indiquées par des exposants accolés à la lettre qui les désigne.

L'horizon A est l'horizon de surface. Rarement plus épais que le mètre, il est enrichi par la décomposition des végétaux et des animaux, et il est souvent de couleur foncée. Appauvri par les eaux qui percolent entraînant les sels solubles en profondeur, il est dit éluvial.

L'horizon B est enrichi des éléments drainés par les eaux de percolation (oxydes ferriques, argiles, matière organique), aussi le nomme-t-on illuvial. Il est parfois très épais (certains sols tropicaux).

L'horizon C fait transition avec la roche mère.

a – La composition du sol

• La fraction minérale du sol

La fraction minérale du sol comprend trois catégories.

Une fraction grossière (> 2 μ) qui provient de la fragmentation de la roche mère. C'est le squelette du sol, véritable réserve minérale.

Ensuite une fraction fine (< 2 μ) qui est biologiquement et chimiquement active. Ce sont des éléments colloïdaux, les micelles, grosses molécules dont la caractéristique majeure est d'être pourvues de charges électriques positives ou négatives. Ce sont le plus souvent des argiles provenant de l'altération de la roche. Selon leur composition chimique et leurs caractéristiques physiques, on distingue la kaolinite, la montmorillonite, l'illite, etc.

Enfin des ions minéraux libres, c'est-à-dire en solution dans l'eau du sol ou fixés sur les colloïdes[1] du fait de charges

1. Colloïdes : soluté d'une solution colloïdale à demi liquide.

électriques opposées. Les plus importants sont les cations[1], base de la nutrition minérale des végétaux.

• La fraction organique du sol

La fraction organique du sol se compose quant à elle de deux éléments.

Une fraction brute qui est formée des débris végétaux et animaux partiellement décomposés, et une fraction nommée humus. Cette dernière résulte de la transformation totale de la fraction brute : les molécules organiques ont été transformées en molécules minérales simples, seules capables d'être absorbées par la plante. Cette transformation se marque par la diminution du carbone et l'accroissement de l'azote. Le rapport carbone/azote indique donc le degré d'évolution de la matière organique.

• Les catégories d'humus

Les conditions de formation de l'humus permettent de distinguer trois grandes catégories d'humus.

Un sol très humide, mal aéré sous de basses températures ou au contraire avec une insolation forte donnera un humus acide[2] ou mor (les résineux ou la bruyère favorisent sa formation).

À l'inverse, un sol bien aéré, une insolation moyenne et une végétation restituant des bases produiront un humus peu acide nommé mull.

Une situation intermédiaire est celle du moder.

1. Ion ayant perdu un ou des électrons et étant de ce fait chargé positivement (contrairement à l'anion).
2. L'acidité d'une solution est mesurée par le pH (potentiel hydrogène) : c'est la teneur relative en ions hydrogène H^+ et en ions hydroxyde OH^- d'une solution. Cette quantité est exprimée par un chiffre qui varie de 0 à 14 (en réalité de 3 à 11, les valeurs extrêmes ne sont pas représentées dans la nature). Un pH de 7 est dit neutre : en dessous la solution est acide, au-dessus de 7 elle est basique.

b – Les caractères physiques et chimiques du sol

La texture d'un sol – en fait celui d'un horizon – est la résultante de la répartition des trois fractions du sol. Elle est responsable de la porosité du sol, qui joue un rôle important pour la végétation car elle contrôle les disponibilités en eau. La macroporosité facilite l'écoulement en profondeur de l'eau de gravité et permet la circulation des gaz : elle règle donc l'aération du sol. La microporosité est le fait des pores les plus fins (la porosité capillaire) et détermine la capacité de rétention en eau du sol. L'eau circule d'autant plus rapidement que les pores sont grands. C'est l'eau de gravité qui rejoint les nappes souterraines. Si l'eau circule lentement, le prélèvement par l'évaporation s'exerce dès la fin de la pluie et il est important.

L'eau dans le sol se présente sous trois formes. L'eau de capillarité qui occupe les pores les plus fins et l'eau retenue autour des particules colloïdales sont utilisables par les végétaux. L'eau liée ou hygroscopique, qui est retenue fermement par les pores les plus petits ou par les particules les plus fines (diamètre $< 0,2$ µ), est en revanche inutilisable par la végétation. L'eau disponible pour les plantes se trouve ainsi comprise entre deux limites : la capacité de rétention (c'est la quantité maximale d'eau retenue par capillarité une fois l'eau de gravité écoulée) et l'eau non absorbable par les racines car retenue trop fortement par hygroscopie (c'est le point de flétrissement permanent ou point de fanaison).

Les principaux caractères chimiques des sols sont leur pouvoir absorbant (par rapport aux ions minéraux) et l'acidité de leurs solutions.

Le complexe absorbant est composé de colloïdes argileux et organiques (c'est le complexe argilo-humique) qui retiennent autour d'eux les éléments nutritifs (les cations) avant de les céder à la plante. Tous les cations du sol ainsi concernés (essentiellement magnésium, calcium et potassium) forment les bases échangeables. La capacité d'échange traduit l'importance du complexe absorbant d'un sol : il représente la quantité maximale de cations qu'il peut fixer.

L'acidité du sol est primordiale car elle explique la présence ou l'absence de certaines plantes. Certaines aiment les sols acides (les conifères) tandis que d'autres préfèrent les sols basiques (les hêtres). L'humus produit par les plantes contribue à la plus ou moins grande acidité des sols.

Les plantes ont un comportement particulier vis-à-vis du calcaire dans le sol. Certaines le supportent, on les dit calcicoles (le chêne pubescent) et d'autres pas du tout, on les dit calcifuges (les conifères, les bruyères).

Croquis n° 12

Les grands types de sols

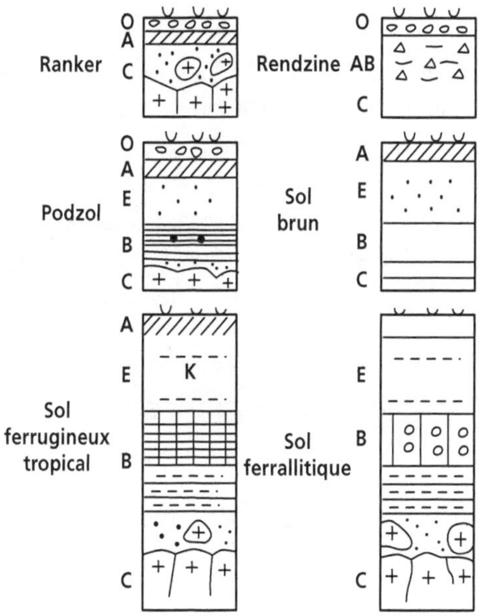

O : Horizons organiques
A : Horizons humiques noirâtres ou grisâtres, humus type mull, moder ou mor
B : Horizons d'accumulation (épaisseur considérable pour les sols tropicaux)
C : Horizon qui fait transition avec la roche mère
E : Horizon éluvial appauvri en fer et minéraux argileux

Source : d'après Pierre Pech et Hervé Regnauld, *Géographie physique*, Paris, Puf, 1992.

c – Les grands types de sols (croquis n° 12)

Il existe de nombreuses classifications des sols et aucune ne s'est imposée au plan international. Nous adopterons celle de l'école française, qui sous l'impulsion de Duchaufour a choisi une classification de type génétique, la mieux à même de correspondre aux besoins des biogéographes et des écologues. Elle met l'accent sur la différenciation en horizons et la nature de l'humus. Ainsi, cette classification intègre les actions du climat, de la roche mère et de la végétation.

• Les sols à deux horizons : A, C

Ce sont des sols jeunes où la désagrégation mécanique domine et où la décomposition chimique est faible. On les rencontre soit dans les régions de climats extrêmes (déserts froids ou chauds), soit en montagne sur les éboulis, les fortes pentes ou sur des alluvions récentes. Des domaines où la pédogénèse* (processus de formation du sol) est fortement ralentie. Le ranker est typique du sol de montagne, il peut avoir un humus de type moder ou mor.

Les *andosols* se développent sur une roche mère volcanique, sous un climat très humide. L'horizon A est très épais, de type mull, et repose directement sur le C. Ils sont en général très fertiles mais rapidement désaturés.

Les *rendzines* sont des sols calcimorphes développés sur roche calcaire avec un profil A, C peu évolué. On les trouve aussi bien sous un climat tempéré que tropical. La topographie favorise leur formation, les pentes assez marquées facilitant le lessivage latéral.

Le *chernozem*, nom russe, désigne un sol fertile de couleur noire marquée. Le nom global de terre noire est aussi employé. Ces sols sont développés sur des roches mères variées, avec un climat continental à forts contrastes saisonniers et précipitations faibles (500 mm). Ils se développent particulièrement sur les lœss (encadré n° 17).

ENCADRÉ N° 17

Le lœss

C'est un sédiment éolien de la taille des limons (2 à 50 µ) de couleur jaune à brun ocre. Composé de grains de quartz et de feldspath, il comprend un pourcentage de calcaire allant de 5 à 30 %. Son épaisseur varie de quelques mètres (Bassin parisien) à plus de 500 mètres dans la Chine du nord-ouest. Il est présent dans les grandes plaines américaines, la plaine européenne jusqu'à l'Oural, la plaine danubienne et la Chine du nord-ouest. Il provient soit de la déflation exercée sur les marges des inlandsis par les vents qui en dévalaient la pente et redéposaient leur charge dès que la végétation freinait leur course (Amérique et Europe), soit de la déflation des déserts d'Asie centrale par des vents soufflant lors des périodes sèches. Les plus vastes dépôts, ceux de la Chine du Nord (disposés sur le cours supérieur et moyen du Huang He) sont très particuliers. Vieux de 2,4 millions d'années, ils se sont déposés de façon discontinue comme le montrent des paléosols qui séparent les strates de lœss. Ces anciens sols témoignent de climats plus humides que ceux qui ont présidé au dépôt des lœss. Ils recouvrent une superficie de près de 400 000 km² et présentent une topographie très originale de plateaux entaillés de vallées profondes aux versants abrupts. Si le vent est le facteur essentiel, d'autres éléments interviennent après le dépôt, comme le ruissellement ou le colluvionnement. Une fois déposé, le lœss connaît des évolutions comme la formation de concrétions calcaires, les « poupées de lœss ». Son rôle dans l'histoire de l'humanité est considérable compte tenu de sa fertilité. Il est évoqué dans des chroniques vieilles de 3 000 ans en Chine.

- Les sols à trois horizons (A, B, C)

Ce sont des sols à profil évolué. On en distingue trois grandes familles : les sols bruns, les podzols et les sols abondants en oxydes métalliques de la zone chaude et humide.

Les *sols bruns* se forment sous un climat tempéré océanique à semi-continental et sur des roches mères variées. L'humus est le plus souvent un mull, parfois un moder. Selon la roche mère le sol est plus ou moins calcaire ou acide, comme c'est le cas pour les sols de la hêtraie et chênaie-charmaie. Lorsque le climat est plus humide, les sols bruns deviennent des sols lessivés, c'est-à-dire que les éléments minéraux sont entraînés vers le bas et que les horizons supérieurs sont appauvris (en ce cas l'horizon B devient de couleur ocre foncée). Ils existent sur tous les types de roches mères, les roches meubles favorisant cette formation.

Les *podzols* sont des sols dont l'humus est de type mor. Ils sont très reconnaissables par leur couleur. La couche de faible épaisseur d'humus est très noire et surmonte une couche gris cendré caractéristique du podzol. L'horizon B est d'une couleur de rouille due aux hydroxydes ferriques. Il y a parfois des concrétions gréseuses (l'alios des landes d'Aquitaine). C'est le sol caractéristique de la forêt boréale, qu'on trouve aussi sous climat océanique sur roches filtrantes (ainsi en forêt de Fontainebleau).

Les *sols abondants* en oxydes métalliques sont des sols d'une épaisseur remarquable (souvent plus de dix mètres). Ils se forment sous les climats chauds et humides et proviennent d'une altération rapide et conséquente de la roche mère. On a ainsi observé des manteaux d'altérite de près de 100 mètres d'épaisseur. L'intensité de l'altération leur donne des couleurs très vives allant de l'ocre au rouge. Selon le degré d'humidité, l'altération est croissante et permet de différencier trois types de sols : fersiallitiques, ferrugineux et ferrallitiques.

Les *sols fersiallitiques* sont présents dans les régions ayant une saison sèche d'au moins quatre mois et des précipitations de 500 à 1 000 mm. Les sols rouges méditerranéens en sont un bon exemple. Ils portent des chênes verts ou des chênes lièges.

Les *sols ferrugineux* sont marqués par un lessivage accru responsable de l'acidification de l'humus. Ils se développent dans les régions tropicales à longue saison sèche correspondant aux forêts xérophiles ou aux domaines des grandes herbes (les savanes). Ils portent fréquemment des cuirasses ferrugineuses (la surface du sol est durcie et totalement impropre à la mise en culture). Elles sont soit le fait de la remontée de fer ferreux lors de la saison sèche, soit les témoins d'anciens paléosols[1] ferralitiques.

1. Paléosols : sols anciens qui se sont formés sous des climats et avec des végétations différentes de l'actuel. Ils sont la preuve d'une période d'évolution à l'air libre et donc d'une discordance dans la série qui les contient.

Les *sols ferrallitiques* sont dans les régions tropicales très humides où la saison sèche est absente. Ils sont le support de la grande forêt ombrophile. Le lessivage est considérable, ce qui explique la faible valeur agricole de ces sols. Leur couleur rouge brique leur a valu l'ancienne dénomination de latérite. L'existence fréquente d'une cuirasse provient de la destruction de l'horizon A (souvent dûe à l'action anthropique : la déforestation) laissant apparaître en surface l'horizon B.

3 Les grands biomes de la biosphère

À petite échelle, on observe de grandes formations végétales et la faune qui leur est associée. Ces vastes unités biogéographiques, assez régulièrement déployées du pôle à l'équateur en bandes plus ou moins parallèles, constituent des biomes. Cette répartition souligne l'influence prédominante du climat. Il y a de nombreuses exceptions liées à l'altitude, aux barrières montagneuses et à la proximité plus ou moins grande des océans (encadré n° 18).

a – Le monde de la forêt

La forêt occupe près du tiers des espaces continentaux. On distingue deux grands biomes : les forêts intertropicales et les forêts boréales. Les grands foyers de peuplement que sont la Chine, le monde méditerranéen et l'Europe océanique et continentale ne gardent plus que des lambeaux de forêt. Le monde chinois connaît le taux de peuplement forestier le plus faible (10 %) et le monde méditerranéen atteint à peine 15 %. Ces domaines forestiers sont des espaces totalement anthropisés.

Le terme vernaculaire de forêt est peu précis. Une forêt est un ensemble d'arbres (un arbre est un individu ligneux de plus de 7 mètres de haut). Une formation végétale formée de ligneux de moins de sept mètres de haut est une fruticée. Pour que l'on puisse parler de forêt, il faut que les arbres présentent une certaine densité : un recouvrement de 20 % est la limite généralement admise. Selon l'IFN (Inventaire Forestier National), le boisement doit recouvrir une superficie d'au moins 50 ares, sinon on parle de bois ou de bosquet selon la superficie couverte.

ENCADRÉ N° 18

La biosphère : vocabulaire de base

Un *biotope* est un ensemble d'éléments caractérisant un milieu physico-chimique qui héberge une flore et une faune spécifiques. On le trouve à toutes les échelles : une anfractuosité dans un rocher peut être un biotope mais l'océan est aussi un biotope.
Une *biocénose* est un groupement d'organismes végétaux ou/et animaux organisé en système interdépendant. C'est la composante biotique d'un écosystème.
Un *écosystème* est une organisation systémique qui comprend des éléments allant des éléments inertes du biotope aux éléments vivants de la biocénose.
L'*écotone* désigne l'espace de transition entre deux écosystèmes. C'est une interface d'étendue très variable qui traduit un gradient écologique (le passage de la toundra à la forêt boréale). Il existe à différentes échelles : à grande échelle c'est par exemple l'étagement montagnard, à petite échelle la transition entre deux biomes.
Une *formation végétale* désigne une communauté d'espèces végétales caractérisée par une certaine homogénéité de physionomie. On ne prend pas en compte la composition floristique. Ainsi une forêt, une prairie sont des formations végétales.
Une association végétale est une composition floristique déterminée en rapport avec le biotope d'un territoire donné.
Les *aires de répartition* de végétaux et/ou d'animaux sont de 4 types : cosmopolite (qui s'étendent à la totalité du globe), circumterrestres ou zonales (qui s'étendent à la totalité du globe mais sont comprises entre deux limites latitudinales), disjointes (ainsi dénommées car fragmentées par un océan, une chaîne de montagne) et endémiques (strictement localisées à un territoire comme une île, une montagne).
La *biodiversité* est la diversité des organismes vivants qui composent la totalité des écosystèmes de la planète. Chaque jour on découvre de nouvelles espèces (en particulier dans la zone tropicale et dans les océans). Les estimations du nombre d'espèce varient de 3 à 40 millions. Les activités humaines sont considérées comme destructrices de la biodiversité. Celle-ci fait l'objet de programmes internationaux pour la protéger.

Formation des biomes et climax

Un biome est une combinaison biogéographique résultant des relations systémiques entretenues entre la végétation, le climat, les sols et la

faune. Considérons la roche nue, par exemple un éboulis ou bien le surgissement d'une île volcanique. Le développement d'un biome se fait très progressivement.
Les premiers « colonisateurs » sont des organismes élémentaires tels des algues unicellulaires, des lichens, des champignons. Ils se nourrissent des éléments minéraux produits par l'altération de la roche (l'hydrolyse). Un humus se forme peu à peu et des végétaux plus exigeants comme des mousses se développent. Le sol se constitue, permettant la venue de végétaux plus importants. Les racines fragmentent la roche, le sol s'épaissit, les microorganismes deviennent plus nombreux. Les plantes héliophiles s'installent, permettant par la suite l'installation de sciaphytes. Cette conquête de la végétation s'accompagne d'une compétition très forte entre les espèces, les plantes vivaces l'emportant sur les annuelles, et finalement les espèces de haute taille l'emportent. La forêt est le stade ultime de cette conquête.
Les étapes de cette conquête d'un espace vierge par la végétation et la faune sont décrites pour des périodes géologiques où l'homme n'existait pas encore. Cette situation pré-anthropique a permis la définition d'une situation où la végétation est en équilibre avec le climat et le sol : on parle de climax (adj. : climacique). On atteint le climax par une série progressive. Si au contraire il y a déséquilibre et disparition de la végétation, on parlera de série régressive. Cette évolution, théorisée par le pédologue H. Erhart, a été généralisée avec le concept de climax. La période de stabilité permettant l'épanouissement du sol et de son couvert végétal est appelée biostasie. Durant cette période peuvent se succéder des déséquilibres, des dynamiques bioclimatiques qui entraînent la dégradation des sols et du couvert végétal : c'est la rhexistasie. L'alternance de phases d'équilibre et de déséquilibre affectant le couple sol/végétation est appelée biorhexistasie.
La notion de climax est aujourd'hui très discutée.Le mot est en effet ambigu, à la fois parce qu'il a connu plusieurs définitions, donnant lieu à de nombreux dérivés, mais aussi parce qu'il désigne un état d'équilibre atteint par la végétation alors que l'action de l'homme est totalement exclue. Il existe alors très peu de végétations climaciques à la surface du globe. On peut même se demander s'il en existe…

• Les domaines forestiers intertropicaux

La forêt équatoriale ombrophile (qui reçoit beaucoup de pluie) se développe de part et d'autre de l'équateur sur près de 10° de latitude. Les précipitations sont toujours supérieures à

Croquis n° 13

Carte des grands biomes du globe

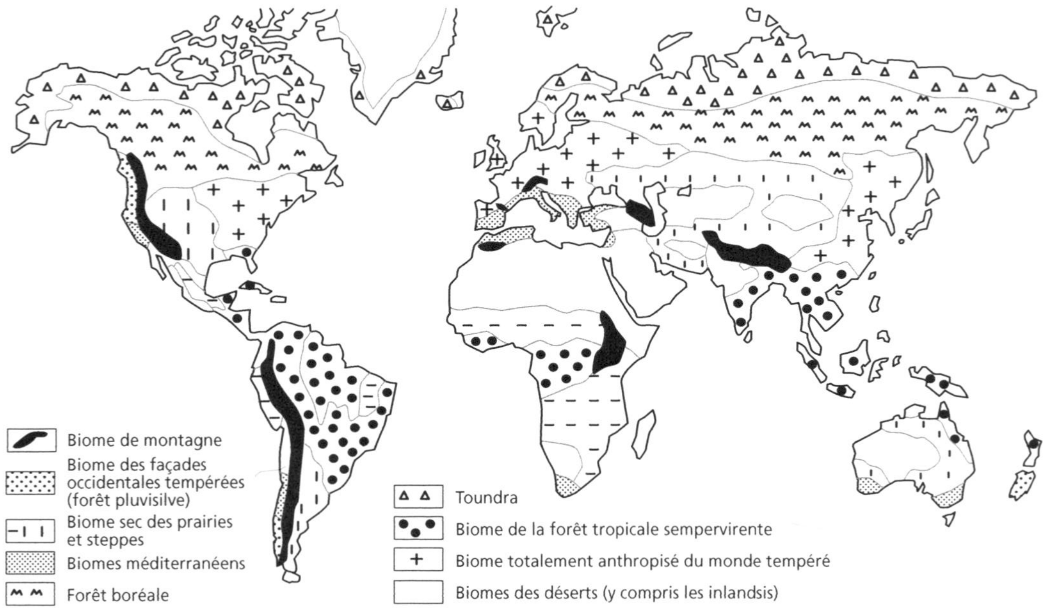

Source : d'après Pierre Pech et Hervé Regnauld, *Géographie physique*, Paris, Puf, 1992.

1 600 mm et il n'y a pas de saison sèche. Elle recouvre le bassin amazonien et elle est plus morcelée en Afrique (Guinée, Liberia et sud de la côte d'Ivoire, puis essentiellement la cuvette congolaise). En Asie on la rencontre en Malaisie, Indonésie et Nouvelle-Guinée. Au total, elle couvre environ 12,5 millions de km^2.

La forêt ombrophile existe aussi plus au nord ou au sud de sa localisation habituelle, dans des régions plus sèches mais très humides d'un point de vue édaphique, par exemple le long des rivières : on parle de forêt galerie. « Enfer vert » des auteurs classiques, elle surprend par sa luxuriance et son aspect de monde clos, ses limites sont de vraies murailles végétales. Elle compte un très grand nombre d'espèces, tout particulièrement d'espèces arborées (plus de 2 550 espèces de grands arbres en Amazonie). Les essences sont très dispersées, ce qui en rend l'exploitation difficile.

Les conditions thermiques et hydriques étant toujours favorables, la forêt est toujours verte (sempervirente), les feuilles se régénérant avec des rythmes variables. Elles présentent des formes très semblables qui rendent la distinction des espèces délicate pour un non botaniste. Il n'y a aucun rythme de croissance. Les arbres présentent des physionomies particulières, ainsi une base élargie sous la forme de contreforts de plusieurs mètres de hauteur, compensant un enracinement très superficiel.

C'est une forêt stratifiée en trois étages : la strate la plus haute atteint 35 à 40 mètres et une couronne (le houppier) est quasi jointive ; quelques arbres isolés dépassent les 60/70 mètres. La strate intermédiaire est formée par des arbres d'une vingtaine de mètres de hauteur dont les couronnes comblent les vides que laissent parfois subsister les houppiers de la haute strate. La strate inférieure est composée d'arbres de petite taille (8 et 15 mètres).

La forte densité de ce couvert végétal explique que la forêt dense soit obscure en permanence. Aussi les sous-bois sont très pauvres et le sol est souvent nu. L'espace est encombré d'une multitude de lianes qui peuvent atteindre 200 mètres de long avec des diamètres de près de 20 cm. Les épiphytes (plantes qui sont fixées sur d'autres plantes et se nourrissent à leur détriment) sont très nombreuses (orchidées). Cette exubérance explique la difficulté à se mouvoir dans un tel monde.

Cette forêt, en dépit de sa luxuriance, est fragile. Comme l'écrit Gabriel Rougerie, c'est un « colosse aux pieds d'argile ». L'activité bactérienne, stimulée par la chaleur et l'humidité, minéralise la matière organique et l'humus est rare. L'intensité de la décomposition chimique est responsable de l'épaisseur du manteau d'altérite (plusieurs dizaines de mètres) qui fragilise l'enracinement des arbres. L'importance des pluies explique l'intensité du lessivage. Le fer précipite en oxydes ferriques, ce qui colore en rouge les sols ferrallitiques, qui constituent l'essentiel du sol de la forêt dense. Ces conditions font que la forêt se reconstitue très lentement. Sa richesse attire les convoitises (pour le bois, pour l'élevage, le percement de grandes voies routières comme la transamazonienne) responsables de la disparition de la forêt originelle (la forêt primaire). On estime que plus de 80 % de la forêt primaire a disparu, et les espèces de la forêt secondaire (palmiers, eucalyptus, acacias) sont nettement moins riches et diversifiées.

Dans un milieu aussi favorable à la vie, la faune est très abondante et se répartit selon les strates de la forêt. Au sol et dans la canopée, les insectes (on estime qu'il y en a plusieurs millions d'espèces) dominent. Mais on trouve également des mammifères, généralement de petite taille (rongeurs, carnivores), parfois de plus grande taille comme l'opossum des forêts panaméennes ou le jaguar américain. Dans les strates arborées, les arboricoles dominent (singes, écureuils, marsupiaux, oiseaux mauvais voiliers). Les serpents évoluent au sol mais aussi dans les premières strates de la forêt.

La forêt ombrophile présente plusieurs variantes.

La *forêt inondée* des zones marécageuses, fréquentes en Indonésie et en Amazonie (les Igapo), est moins exubérante. Les espèces adaptées à l'hydromorphie sont moins nombreuses, les arbres plus rares et plus espacés laissant place aux racines aériennes (pneumatophores) qui permettent à l'arbre d'éviter l'asphyxie. Les forêts de Varzéas en Amazonie ne sont inondées que temporairement et les arbres présentent un plus grand développement (jusqu'à trente mètres de hauteur).

La *forêt mésophile* entoure la forêt ombrophile là où les précipitations varient de 1300 à 1 600 mm et où la saison sèche n'excède pas trois mois. Elle est présente en Amérique centrale, en Afrique occidentale, dans le nord de l'Australie et dans les régions de mousson : Inde, Ceylan, Birmanie, Thaïlande. On la nomme alors forêt de mousson. Elle se caractérise par des espèces caducifoliées dans les strates supérieures. Moins riche, elle est plus fragile que la forêt ombrophile et souffre des incendies et de l'exploitation forestière.

La *mangrove* occupe l'étage intertidal des littoraux tropicaux, même si parfois on peut la trouver à des latitudes plus élevées. Elle se situe d'une part sur les côtes de l'océan Indien (Inde, Asie du Sud-Est, Australie occidentale et Afrique orientale), d'autre part sur les côtes de l'Atlantique (Afrique occidentale, Amérique intertropicale) et du Pacifique (Mexique, Colombie). C'est une forêt de taille moyenne (de 10 à 20 mètres), composée essentiellement de palétuviers dont les espèces (il en existe plus de quarante) les plus communes sont les Avicenia et les Rhizophora. Elle est toujours en position d'abri à l'écart des domaines battus par les houles. Elle peut se développer sur plusieurs kilomètres de largeur. Les arbres sont adaptés à des sols mouvants (battus par la marée) et à des salinités très élevées, leurs racines faisant contrefort pour lutter contre la mobilité du sol et la violence des vents. Elles ont des pneumatophores (excroissances faites de tissus spongieux) qui percent la vase, permettant ainsi la respiration de l'arbre. La reproduction, difficile dans ce milieu, se fait essentiellement par viviparité[1]. La faune est très riche, tant en espèce d'oiseaux qu'en crustacés, crevettes, crabes et poissons originaux (périophtalmus) capables de monter dans les arbres et sur les rochers. C'est un milieu à la biodiversité exceptionnelle, aujourd'hui menacée par la mise en valeur agricole.

La *forêt sèche* ou tropophile (qui aime le changement) recouvre 11,5 millions de km^2 dans les régions où les précipitations sont comprises entre 900 et 1 300 mm et où la saison sèche s'étale sur quatre à cinq mois. Elle repose le plus souvent sur des sols ferrugineux plus ou moins lessivés. Elle occupe 5,5 millions de km^2 en Afrique (nord de la Guinée et Soudan, Angola et Mozambique), en Inde (est du Deccan), en Amérique centrale et

1. La viviparité se traduit chez les végétaux par la germination de graines alors qu'elles sont encore dans le fruit accroché à la plante-mère.

dans la partie tropicale des Andes. Les arbres perdent leurs feuilles lors de la saison sèche (on les dit caducifoliés). Ils sont de taille moyenne (15 à 20 mètres). Le sous-bois est arbustif mais la strate herbacée est rare et très discontinue. Cette forêt très fragile souffre des destructions anthropiques et laisse place à des savanes (voir *infra*).

• La forêt boréale

Plus vaste forêt du monde, elle couvre 14 millions de km² et se développe tant en Eurasie qu'en Amérique. Elle n'existe que dans l'hémisphère nord, d'où son nom. Elle s'étend au nord du 50e parallèle jusqu'au 70e (Scandinavie). Les conditions climatiques y sont sévères : les hivers sont longs et très froids (moyenne de - 50 °C dans l'est sibérien), les étés ne durent que trois à quatre mois, la température moyenne est comprise entre 10 et 20 °C. Ce domaine, fortement marqué par la continentalité, connaît les plus fortes amplitudes thermiques (de 60 à 100 °C).

Sa position très septentrionale explique la jeunesse de la forêt, car la région qu'elle occupe était sous les glaces du Pléistocène. C'est aussi la raison de la pauvreté floristique : seulement quatre genres de conifères (pins, épicéas, sapins et mélèzes) et quelques rares feuillus, présents sur les marges (bouleaux, trembles, peupliers). La forêt est largement sempervirente. La même pauvreté s'observe pour la faune : les régions les plus riches, comme la Carélie, comptent une soixantaine d'espèces de mammifères et deux cents espèces d'oiseaux. Les carnivores sont nombreux (lynx, renard, loup, belette), comme les grands herbivores (rennes, cerf, élan) et les rongeurs (lapin, lièvre). L'ours est l'omnivore le mieux représenté. En été la forêt pullule d'insectes, dont certains lui infligent des ravages considérables. Deux formes d'adaptation aux mauvaises conditions climatiques dominent : le développement de fourrures ou de graisse et l'hibernation durant la mauvaise saison.

Au nord et au sud, deux écotones assurent la transition : au nord, la toundra (les arbres deviennent rares et nains) ; au sud la situation est plus complexe : soit il y a contact avec la forêt caducifoliée, soit avec la steppe (dans le domaine le plus oriental).

• Les domaines forestiers fortement anthropisés de la zone tempérée

• *Les forêts tempérées (à l'exclusion du monde méditerranéen)*

C'est le domaine typique de la forêt caducifoliée et de la forêt mixte. Elle est présente tant en Europe qu'en Amérique du Nord et en Extrême-Orient. Dans l'hémisphère austral, elle n'a qu'une extension limitée, compte tenu du faible développement des continents dans cette partie du globe.

Ces forêts ne sont guère naturelles. Leurs limites résultent des défrichements et l'action sylvicole est responsable des associations végétales. Parler ici de climax n'a guère de sens.

Les conditions climatiques sont relativement clémentes : moyenne annuelle des températures d'environ 10 °C, hivers compris entre - 5 et + 5 °C, étés entre + 15 et + 20 °C, et les précipitations sont comprises entre 550 et 1 000 mm. Les saisons intermédiaires sont bien développées. Les sols sont de type brun à brun lessivé avec un humus mull ou moder.

Ces conditions expliquent un rythme saisonnier marqué, avec la perte du système foliaire durant la mauvaise saison. Aussi la forêt connaît-elle une période d'ombre et de lumière, qui permet le développement d'un sous-bois important. Les plantes héliophytes (qui aiment la lumière) se développent à l'automne et en hiver (anémones, arums) et sont remplacées lors de la foliation par des sciaphiles (fougères, etc.).

Le traitement forestier aboutit souvent à des formations quasi monospécifiques, mais les variations tant topographiques (les domaines montagneux du monde européen) que climatiques (le glissement du climat océanique au climat océanique dégradé puis au climat continental) permettent de distinguer quelques types comme la chênaie (sur sols légèrement acides) ou la hêtraie (sur sols calcaires). Les châtaigniers accompagnent souvent ces formations. La flore des forêts européennes est nettement plus pauvre que celle de la forêt américaine ou de la partie orientale des continents riches en espèces tropicales. La disposition des reliefs est responsable de cette situation : le monde américain et les façades orientales des continents ont des reliefs méridiens qui ont permis le recul des espèces chaudes devant l'avancée des glaciers puis une lente reconquête vers le nord lors du réchauffement holocène, alors qu'en Europe, la double barrière des Alpes et de la Méditerranée a bloqué et entraîné la destruction des espèces chaudes. Il n'y a pas eu de reconquête.

Sur la façade occidentale américaine (du sud de l'Alaska à la Californie et dans le Chili tempéré) et dans l'île méridionale de la Nouvelle-Zélande, régions très humides (de 1 500 à 2 000 mm de précipitations), se développe une forêt exceptionnelle par la taille de ses arbres : les séquoias d'Amérique du Nord et les eucalyptus du domaine austral sont ainsi les plus grands arbres du monde (ils atteignent couramment 100 à 120 mètres de haut).

La faune de ce domaine est très diversifiée et riche (les réserves en attestent). Elle est adaptée au rythme des saisons, migrant vers les régions plus chaudes ou bien accueillant des espèces migrantes des régions de la zone froide : des carnivores (belettes, fouines, renards, chats sauvages, lynx), des omnivores (sangliers) ainsi que des herbivores (lapins, lièvres, cerfs, chevreuils). Les insectes et les vers sont très présents et jouent un rôle essentiel dans la formation des sols.

- *Les forêts du monde méditerranéen*

Ce sont des forêts sclérophylles, adaptées à une longue saison sèche et à des sols pauvres développés sur des pentes souvent fortes. Les forêts, d'aspect souvent fragiles, sont dominées par trois espèces de chênes : la chênaie pubescente qui fait la transition avec la chênaie tempérée plus au nord ; la chênaie de chênes verts, souvent considérée comme le témoin de la forêt climacique, et la forêt de chênes liège installée sur les zones les plus chaudes avec des sols siliceux. L'exploitation séculaire, le passage des troupeaux d'ovins et le feu ont été les agents destructeurs de cette forêt qui ne présente plus que des lambeaux, que l'homme essaie aujourd'hui de protéger. Les conifères ont souvent remplacé les chênes (on trouve ainsi du pin d'Alep et du pin maritime). La pression anthropique a souvent transformé la forêt en fruticée de dégradation : le maquis sur sol acide et la garrigue sur sol calcaire.

b – Les biomes non forestiers des zones tropicales et tempérées

Lorsque le biotope se montre défavorable à l'arbre, que ce soit pour des raisons climatiques (saison sèche trop longue, précipitations annuelles insuffisantes) ou à cause de conditions édaphiques[1], c'est une formation herbacée qui prend la place de la forêt. Ces formations sont complexes à étudier car elles posent un redoutable problème : sont-elles originelles ou anthropiques ? La terminologie est souvent très floue et varie en fonction des pays. Ainsi, une formation végétale proche est appelée steppe en Russie, prairie en Amérique du Nord, Pampa en Amérique du Sud ou bien « Haut Veld » en Afrique du Sud. En nous fondant sur le côté physionomique et sur la répartition géographique, nous distinguerons la steppe, formation monostrate herbacées ouverte – c'est-à-dire que les touffes de végétation sont isolées les unes des autres et que le recouvrement du sol est incomplet (de l'ordre de 30 à 50 %) – et la prairie, une formation herbacée monostrate fermée (les touffes sont jointives et la couverture du sol est totale). À ce groupe des prairies se rattachent le groupe des savanes herbacées.

Nous réserverons le terme de savane au monde intertropicale et celui de prairie au domaine tempéré.

• La steppe

La steppe est une formation végétale ouverte, des taches de sol nu apparaissent entre les touffes de la végétation. Ceci est dû à l'insuffisance de l'eau dans le sol, soit parce que les précipitations sont trop faibles ou trop irrégulières, soit parce que le froid entrave le prélèvement de l'eau. Le sol, très exposé à l'érosion, est souvent squelettique. Ces conditions expliquent que l'on rencontre des steppes aussi bien en bordure des grands déserts que dans le domaine continental des zones tempérées.

---

1. Ce qui est en relation avec le sol.

La steppe du monde intertropical et de ses bordures est très étirée en latitude. Elle présente des physionomies très différentes, depuis la steppe à épineux dans les régions les plus humides jusqu'à la steppe uniquement herbacée, lorsque la sécheresse s'accentue. Cette steppe herbacée domine les paysages nord-africains et une grande partie du Sahel. La steppe à épineux recouvre quant à elle de vastes surfaces : au Mexique, en Colombie, dans le nord-est brésilien (la caatinga), en Afrique, dans le Kalahari, le Transvaal, à Madagascar ou encore en Australie, avec une espèce d'acacia comme ligneux principal.

La steppe du monde tempéré occupe de vastes surfaces en Amérique du Nord (bassins intérieurs des Montagnes Rocheuses), en Europe orientale (plaine de Hongrie) et en Asie depuis la Caspienne jusqu'en Mongolie. Les armoises sont les espèces primordiales de ces steppes.

Dans les domaines nord-africain et eurasiatique, les steppes ont subi de profondes dégradations anthropiques (mise en culture ou élevage).

- **La prairie**

La prairie est une formation herbacée fermée (le sol est totalement recouvert) et la végétation offre une très bonne protection contre l'érosion. On la trouve entre 40° et 50° de latitude dans le même domaine que la forêt à feuilles caduques. Il faut remarquer que les immenses prairies d'Amérique du Nord et d'Eurasie recouvrent des plaines et collines formées de roches meubles (d'origine éluviale, glaciaire ou éolienne). Ces roches mères sont plus favorables à l'herbe qu'à l'arbre.

Les conditions climatiques sont moins favorables à la forêt dans la mesure où les précipitations sont médiocres (650/500 mm) et se forment surtout en été. Les hivers sont relativement courts mais bien marqués (4 mois < 0 °C). Les sols sont à deux horizons, tels le chernozem, et très fertiles. La faune est extrêmement riche (enfin ce qu'il en reste dans de rares réserves) : petits herbivores rongeurs qui vivent dans des terriers, grands mammifères herbivores taillés pour la course afin de tenter d'échapper aux carnivores (loups, coyotes). Ce biome, que ce soit dans la grande plaine américaine (qui s'étend sur 3 500 km du nord au sud et sur 1 500 km d'ouest en est), dans la grande plaine eurasiatique (5 000 km) ou bien encore dans la pampa argentine (650 000 km^2) a été largement transformé par l'agriculture.

- La savane

La savane est une formation végétale des régions tropicales où dominent les hautes herbes mais dont les arbres ne sont pas absents. Elle correspond aux régions connaissant une saison sèche longue de 4 à 8 mois, leurs précipitations s'échelonnant de 700 à 1 300 mm. Elle est composée de graminées à rhizomes[1], qui pendant la période des pluies émettent de grandes tiges de plus de deux mètres de haut. La diversité des savanes est considérable et dépend de l'importance des buissons ou des arbres : on parle ainsi de savane buissonnante, de savane arbustive (le campo cerrado brésilien), de savane arborée, ou de savanes parc lorsque les arbres se regroupent en bosquets (savanes à baobab). Si les arbres deviennent nombreux au point d'avoir des cimes presque jointives, c'est une savane boisée. Une telle succession s'observe en Afrique.

La faune est très importante, depuis les microorganismes et insectes (avec parmi eux les termites qui jouent un rôle particulier par leurs immenses constructions) jusqu'aux grands herbivores (antilopes, girafes, buffles, éléphants, etc.) et carnivores (lions, léopards, etc.).

Le biome savane est complexe, car c'est souvent une mosaïque et il est difficile de dire si elle est originelle ou anthropique. C'est un vieux débat qui n'est toujours pas tranché. Ce qui est certain, c'est que la savane est un milieu fragile tant du fait des feux de fin de saison chaude que de l'action de l'homme.

1. Rhizome : partie souterraine de la plante.

c – Les biomes des milieux extrêmes : les déserts et les domaines polaires

• Les déserts et leurs marges

Qu'ils soient zonaux, d'abri ou littoraux, les déserts offrent des conditions particulièrement difficiles pour les écosystèmes.

Les rigueurs climatiques sont très contraignantes pour les êtres vivants : faiblesse et irrégularité des précipitations, très fortes températures diurnes, froideur des nuits, insolation maximale, violence des vents renforçant la très faible humidité relative de l'air, tout est obstacle au vivant. Les facteurs édaphiques aggravent ces conditions, car les sols sont soit absents (les regs et les ergs), soit squelettiques, soit chargés de sel (formation de croûtes ou dépôts salins).

Ceci se traduit par une pauvreté floristique, surtout eu égard à l'importance des surfaces désertiques. Le Sahara (9 millions de km^2) ne comprend que 1 200 espèces végétales. Les adaptations au manque d'eau sont nombreuses : l'appareil aérien est très réduit, des épines remplacent les feuilles, la succulence est développée (cactées et euphorbes californiennes), et on note l'importance du nanisme (plantes en coussinet ou en boule). L'appareil souterrain est très développé pour aller capter la moindre ressource en eau. Les adaptations à la nature des sols sont importantes : les dunes et les regs sablonneux sont colonisés par des plantes psammophiles qui parviennent à se développer sur ce substrat mobile (ainsi, le drinn). Les halophytes (salicornes, yucca) colonisent les milieux salins.

Le spectre biologique des déserts comprend une majorité de thérophytes mais aussi des éphémères, dont les graines peuvent rester en dormance plusieurs années et développer à la moindre pluie des fleurs qui vont fleurir quelques heures (les prairies d'acheb du Sahara).

La faune doit elle aussi s'adapter à ces conditions très particulières. Les animaux luttent contre la chaleur en se cachant le jour sous des pierres, dans les trous de roches (les reptiles, les scorpions). Leur activité est nocturne (coyotes, chacals, rongeurs), ils réduisent leur transpiration ou ont une capacité de stockage de l'eau dans les tissus adipeux (les chameaux). Comme pour les plantes, leur densité est très faible car il leur faut une grande surface de territoire pour se nourrir.

- Les zones polaires

Le continent Antarctique offre des conditions tellement rigoureuses, tant climatiques que du fait du substrat (la glace), que la flore est très pauvre. Sur la bordure de l'inlandsis, les parois rocheuses et les blocs morainiques déglacés sont colonisés par des lichens qui forment des croûtes et des mousses. Les plantes à racines sont très disséminées et le nombre d'espèces atteint la trentaine pour les îles subantarctiques. La vie se concentre dans les eaux marines qui bordent le continent. Le plancton est très abondant et le krill (plusieurs espèces de petits crustacés) constitue sans doute la biomasse la plus importante de la planète, base de toute la chaîne alimentaire de la région.

Les phoques et les otaries, bien adaptés au froid, sont très nombreux (leurs colonies dépassent le million d'individus). Le manchot empereur est emblématique de l'Antarctique. Il vit à la fois dans l'eau et sur la surface de la glace mais se nourrit en mer. Il en est de même pour les oiseaux. Une quarantaine d'espèces sont représentées (dont les pétrels et les sternes), tous excellents voiliers. Ils effectuent des migrations de plusieurs milliers de kilomètres. On estime leur nombre entre 100 et 200 millions, venant se reproduire sur les côtes du continent ou des îles proches.

Le monde polaire arctique a une faible biodiversité, sauf sur les marges de l'inlandsis du Groenland, qui présente des écosystèmes variés. Il y a la végétation rase et ouverte de toundra. La présence d'arbres est rarissime : ils existent sous forme naine, occupant des niches écologiques dans des anfractuosités du littoral. L'océan est beaucoup plus riche, tant en plancton qu'en krill répandu en bordure de la banquise et dans les chenaux libres de glace (les polynies).

Les mammifères terrestres ou marins présentent des adaptations au froid très caractéristiques : fourrure épaisse, hibernation pendant l'hiver, capacité à effectuer de grands déplacements. L'ours polaire est le seul mammifère terrestre ubiquiste dans ce monde désolé de la banquise et de l'inlandsis. Mais sur les marges de celui-ci, on trouve des lièvres et des bœufs musqués. Leur densité est très faible car la production végétale est infime. Les mammifères marins sont représentés par des phoques, des otaries et des morses.

On compte plus d'une centaine d'espèces d'oiseaux mais très peu résident en Arctique (faucon gerfaut, chouette harfang, lagopède, mouette ivoire, etc.). S'il n'y a pas de manchots en Arctique, les pingouins sont nombreux et contrairement aux manchots, ils ont gardé leur capacité à voler.

• Le monde subpolaire

C'est le domaine de la toundra qui s'étend du 67° nord au 80° nord dans sa plus grande extension. Cette formation offre différentes physionomies selon sa position en latitude. Son trait dominant est d'être une strate herbacée, rase, parfois fermée mais le plus souvent ouverte. Elle connaît des conditions climatiques et édaphiques très sévères : les mois d'été ont une moyenne toujours inférieure à 10°C, les précipitations sont rares et le pergélisol est présent partout.

On en distingue trois grands types selon que la toundra sera pierreuse, buissonnante ou mosaïque :

– La *toundra pierreuse* : les « barren grounds » qui s'étendent du Grand Nord canadien au littoral de la Sibérie (entre la mer de Kara et le détroit de Béring). Ici la toundra est une formation ouverte, laissant de vastes portions du sol à nu. L'essentiel du peuplement se compose de lichens et de mousses. Il n'y a pas de véritable sol, mais plutôt un lithosol qui est un support minéral sans humus.

– La *toundra buissonnante* : elle se développe plus au sud, jusqu'au contact avec la taïga, et forme alors un écotone : la « toundra boisé ». Elle peut mesurer une centaine de kilomètres de large. La formation végétale devient fermée et comporte des arbrisseaux nains, des saules. Les arbrisseaux deviennent plus nombreux et dépassent le mètre en se rapprochant de la taïga.

– La *toundra mosaïque* où les tourbières deviennent très nombreuses et étendues. Les sphaignes dominent avec des peuplements de linaigrettes. Ici on trouve essentiellement des sols à gley ou sols hydromorphes.

Dans l'hémisphère austral, la toundra existe dans les rares îles comprises entre le 50 et le 60 sud (les Kerguelen, Bouvet, la Géorgie du Sud, etc.). Ces îles connaissent un climat original marqué par la violence et la permanence des grands vents d'ouest, des amplitudes thermiques annuelles très faibles (5 à 7), les moyennes de l'hiver étant de - 2 à - 4°C. L'arbre est inexistant, les formations herbeuses dominent, plus ou moins denses en fonction de leur exposition (sous le vent ou au vent), et la flore est très pauvre en espèces du fait de l'englacement lors du Pléistocène. Seules les faunes marine et aérienne sont présentes.

Conclusion

Les interrelations entre le substrat rocheux, les formes du modelé, le climat et les sols font système avec le monde du vivant. Il y a adaptation constante à un milieu changeant en permanence. C'est un équilibre mobile.

La biogéographie est la synthèse de l'évolution du biotope. La compréhension du paysage n'est possible que grâce à elle et à l'analyse de l'action de l'homme.

Le géosystème rend compte de cet ensemble systémique, et son analyse va nous permettre de mieux comprendre le lien intime qui unit le monde minéral au monde vivant.

Bibliographie

Demangeot Jean, *Les Milieux « naturels » du globe*, Paris, Armand Colin, 2006.

Duchaufour Philipe, *Pédologie*, Paris, Masson, 1997.

Elhaï Henri, *Biogéographie*, Paris, Armand Colin, 1978.

QUATRIÈME PARTIE

Le géosystème

- I. Les montagnes
- II. Les littoraux
- III. Les déserts
- IV. Les domaines froids des hautes latitudes
- V. La zone tempérée
- VI. Le domaine tropical

La géographie physique est spécialisée en grands domaines d'étude faisant eux-mêmes appel aux savoirs d'autres disciplines (écologie, météorologie, géologie, archéologie...). L'épiderme terrestre est marqué par la complexité des interactions systémiques entre lithosphère, atmosphère, hydrosphère, biosphère et activités humaines. C'est ainsi qu'a été définie la notion de géosystème par Georges Bertrand puis Yvette Veyret.

Ces combinaisons s'inscrivent à différents niveaux d'organisation que reflètent les entités paysagères. Au fur et à mesure que l'échelle d'observation s'affine, on peut distinguer des entités plus petites qui s'y emboîtent. À l'intérieur de grandes régions naturelles, d'une taille de plusieurs centaines de kilomètres, les géosystèmes correspondraient à des entités fonctionnelles caractérisées par une homogénéité géomorphologique et bioclimatique traduisant une même dynamique naturelle plus ou moins « anthropisée ». Ces géosystèmes peuvent eux-mêmes être divisés en géofaciès, de l'ordre de la centaine de mètres, puis en géotopes de dimensions métriques.

De même que pour comprendre la dynamique d'une espèce donnée l'écologue essaie d'en étudier l'écosystème, le géographe qui veut comprendre un territoire ne peut faire l'économie de l'étude des géosystèmes. Leur connaissance est donc un préalable indispensable.

Nous étudierons en premier lieu les géosystèmes indépendants des conditions zonales, essentiellement les montagnes, les littoraux et les déserts. Ils sont transzonaux dans la mesure ou ils s'affranchissent plus ou moins des grands ensembles climatiques et offrent à travers tout le globe des caractéristiques communes qui leur donnent une forte homogénéité, même si la zonalité en constitue la trame.

I. Les montagnes

Parler de montagnes, c'est évoquer un monde de hauteurs, de grands versants escarpés, de sommets vertigineux (arêtes, pics, cimes), de neiges éternelles et de grands glaciers. Elles occupent une place majeure et se rencontrent sous toutes les latitudes. Elles sont l'expression des grands mouvements qui animent le globe terrestre (voir première partie, chapitre I) : la grande chaîne du continent américain (Rocheuses et Andes) d'axe méridien correspond à une zone de subduction, alors que la grande chaîne qui relie l'Atlantique au Pacifique (des Pyrénées à l'Himalaya) correspond à l'affrontement de deux plaques. Certaines montagnes isolées sont des volcans (comme ceux des îles Hawaï) ayant pour origine des points chauds. Une telle extension spatiale implique une grande diversité topographique (des faibles altitudes des massifs anciens au toit du monde de l'Everest), géologique et morphologique (âge de formation, nature des roches, ensemble plissé ou cassé). Cependant les points communs l'emportent, comme le montre l'imaginaire que suscite le terme de montagne. L'altitude impose la raréfaction de l'air, la diminution des températures, l'augmentation des précipitations, bref modifie l'ambiance climatique, ce qui se traduit aussitôt dans la couverture végétale par l'étagement et ce, quelle que soit la latitude. En ce sens, les montagnes sont transzonales.

1 Les traits communs

a – La dégradation climatique

La *diminution de température* : le gradient thermique (variation de la température) est d'environ 5°C pour mille mètres, et les sommets des hautes montagnes connaissent des températures toujours négatives, ce qui joue un rôle considérable pour les précipitations. Il y a parfois des exceptions : l'air froid de la nuit, accumulé dans les fonds de vallée, crée une inversion de température. Les sommets ensoleillés tôt le matin ont une température supérieure à celle de la vallée. Le réchauffement de la journée rétablit le gradient normal.

La *pression atmosphérique* diminue (de 1 015 hPa au niveau de la mer à 700 hPa à 3 000 mètres), les conséquences sont multiples : diminution du dioxygène et de la vapeur d'eau, rayonnement solaire plus intense et accroissement des rayons ultraviolets, plus grande mobilité de l'air favorisant les mouvements verticaux.

Les *nuages* connaissent une situation favorable à leur formation : les masses d'air, contraintes de s'élever le long des parois de la montagne, subissent une rapide baisse de température et la masse de vapeur d'eau initiale se trouve rapidement en excès. Il y a condensation et formation de nuages (précipitations orographiques).

Les *précipitations* croissent avec l'altitude au moins jusqu'à un certain niveau qualifié d'optimal (cas des montagnes tropicales) : le gradient pluviométrique varie de 100 mm /100 m dans les montagnes tempérées à 300 ou 400 mm/100 m dans les montagnes tropicales. L'exposition est essentielle : le versant au vent est beaucoup plus arrosé que le versant sous le vent. L'effet de foehn renforce cette opposition[1].

1. Effet de foehn : de frais à humide, le vent qui escalade la montagne devient chaud et sec en redescendant de l'autre côté (versant sous le vent). En effet, il se comprime en descendant le versant, donc s'échauffe et sa capacité de contenance de vapeur d'eau s'accroit, il devient donc plus sec.

Le *manteau neigeux* : le rapport entre le nombre de jours de chute de neige et le nombre total de jours de précipitations est le coefficient de nivosité. Il varie en fonction de la latitude et de l'altitude. Il est important pour déterminer le niveau des neiges éternelles, l'isotherme 0°C étant l'autre facteur essentiel. La limite altitudinale des « neiges éternelles » change en fonction de la latitude : de 100 m au cercle polaire à plus de 5 000 m à l'équateur (Andes). Dans les Alpes, elle est de l'ordre de 3 000 m. Dès que les pentes deviennent fortes et que le climat est marqué de fortes alternances gel/dégel, le manteau nival devient instable, conditions du déclenchement des avalanches. La neige, lorsqu'elle ne fond pas, se transforme en névé puis en glacier. Cette transformation est très lente.

Le *vent* est beaucoup plus fréquent et violent qu'en plaine. Les vents locaux sont nombreux. Ainsi les brises de vallée et les brises de montagne : les cimes s'échauffent plus rapidement que le fond de la vallée, la différence de pression déclenche une brise montante en cours de matinée ; à l'inverse, les sommets se refroidissent plus vite le soir et une brise descendante ou « brise de montagne » d'air froid et lourd se forme alors.

Le *rôle de l'orientation* est essentiel en montage, et ce à toutes les échelles. L'opposition classique entre l'adret et l'ubac est surtout importante dans les domaines tempérés (en domaine tropical, le soleil est proche du zénith et l'écart d'orientation est négligeable). L'adret est le versant le plus longuement exposé aux rayons du soleil (versant sud ou est) alors que l'ubac, plus longuement à l'ombre, est plus froid. La structure de la chaîne, en multipliant les expositions, permet la différenciation de domaines proches et la formation de « topoclimats ». L'exposition aux flux dominants crée une dissymétrie entre régions très arrosées et régions d'abri (Préalpes humides, zone interne des Alpes plus sèche). À l'échelle des grands domaines montagneux, il y a une opposition majeure entre les grands versants au vent (versant ouest des Rocheuses ou des Andes) très fortement arrosés et les domaines orientaux quasiment désertiques (déserts d'abri, tel le désert de Patagonie).

b – Les étages de la végétation

Les modifications climatiques liées à l'altitude, la vigueur des pentes accélérant le ruissellement et la violence accrue de l'érosion sont des conditions très difficiles pour le développement des sols. Ils s'appauvrissent au fur et à mesure que l'on s'élève.

La forte baisse des températures ralentit jusqu'à les annihiler les actions chimiques de désagrégation des roches. À haute altitude, il n'existe plus que de la désagrégation mécanique. Le froid entraîne une forte diminution de l'activité bactérienne, aussi les humus sont-ils de type mor ou moder[1]. Les sols sont de plus en plus acides : les couleurs noirâtres dominent et se généralisent en altitude. La vigueur des pentes facilite le lessivage oblique et tous les sols sont plus ou moins podzolisés[2], alors que les creux des vallons se comblent de sol de nature tourbeuse. On observe finalement un étagement pédologique. Du sommet à la base de la montagne se succèdent les sols minéraux bruts, les rankers[3] organiques recouvrant directement la roche, les sols podzolisés et enfin les sols plus évolués faisant la transition avec les sols de plaines.

À l'échelle continentale, les grandes chaînes de montagne ont parfois joué le rôle de barrières infranchissables ou au contraire de ponts facilitant les migrations pour les végétaux qui reculaient face à des conditions climatiques changeantes (grandes époques glaciaires du Quaternaire). Elles ont ainsi offert des refuges à des espèces chassées des basses terres par les conditions climatiques. Comme les îles, les montagnes sont des foyers d'endémisme importants.

Aux plus grandes échelles, les modifications liées à l'altitude vont favoriser l'étagement de la végétation. L'altitude entraîne une péjoration des facteurs favorables à la vie tant végétale

1. L'humus mor ou moder : l'humus est le résultat final de la décomposition de la matière organique. Un mor est un humus très acide, un moder est un peu moins acide.
2. Sol acide à horizon intermédiaire noir cendreux, il provient d'un lessivage important ; horizon supérieur gris cendré, horizon B plus noir.
3. Le ranker est un sol très mince dont l'humus repose directement sur la roche.

qu'animale : la baisse de la température raccourcit la période végétative, la diminution du dioxyde de carbone ralentit la fonction chlorophyllienne, le plus grand nombre d'ultraviolets est une menace pour les tissus les plus fragiles. La couleur vive des fleurs d'altitude est une adaptation à ces radiations qu'elle filtre. L'importance du froid et le poids de la neige favorisent le développement du nanisme. Les plantes ramassées contre le sol profitent de sa chaleur, et se protègent de la violence du vent. La durée de conservation du manteau neigeux, de plus en plus longue avec l'altitude, limite le développement de la flore jusqu'à la faire disparaître avec les neiges éternelles.

Tous ces facteurs restreignent le développement des biocénoses[1], et ce de façon de plus en plus forte au fur et à mesure que l'altitude s'élève. L'augmentation des facteurs « limitants » détermine des seuils pour les biocénoses (la mobilité des populations animales fait que leur étagement est moins net). Les limites altitudinales des étages varient en fonction de la zone climatique concernée : le gradient s'accroît du cercle polaire à l'équateur (croquis n° 14). Les irrégularités dans cette distribution sont liées à la grande diversité des microtopographies et des microclimats associés. La limite de la forêt est par exemple un marqueur essentiel qui varie très fortement avec la latitude : dans les marges froides de la zone tempérée (au Québec), la limite de la forêt est de 1 000/1 100 m ; en domaine tempéré, elle varie entre 1 800 et 2 200 m, pour atteindre jusqu'à 4 000 m dans les zones tropicales. Il faut souligner que ces limites sont très variables en fonction de l'exposition, de la topographie et du substrat. L'action anthropique est aussi fondamentale dans certaines espaces où l'homme a déboisé, replanté et introduit de nouvelles espèces.

Les botanistes distinguent généralement 5 étages. Nous décrirons ceux des Alpes.

De 0 à 800 m, on trouve l'étage collinéen où dominent les feuillus (hêtraie, chênaie), comme dans la plaine proche.

De 800 à 1 300/1 500 m, c'est l'étage montagnard, mélange de feuillus et de conifères, donc forêt mixte (hêtraie-sapinière

1. Biocénose : ensemble des espèces végétales et animales coexistant dans un espace défini (le biotope).

Croquis nº 14

L'étagement de la végétation du pôle Nord au pôle Sud

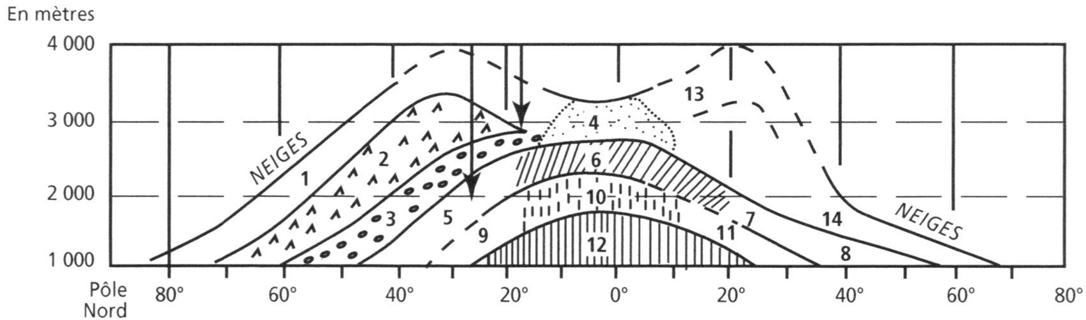

1 : Toundra et prairie alpine
2 : Forêt boréale de résineux
3 : Forêt caducifoliée tempérée
4 : Paranos des Andes
5 : Forêt de lauracées
6 : Nebelwald
7 : Forêt d'araucarias (Brésil du Sud)
8 : Forêt dense froide
9 : Forêt subtropicale (lauracées)
10 : Forêt tropicale de montagne
11 : Forêt dense subtropicale
12 : Forêt pluvieuse tropicale
13 : Puna andine
14 : Végétation subantarctique
Les flèches montrent l'Asie du Sud-Est

Source : d'après Troll, repris par Jean Demangeot, *Les Milieux naturels tropicaux*, Paris, CDU, 1967.

dans les zones humides des Alpes, épicéas et mélèzes dans les régions plus sèches).

De 1 300/1 500 à 1 800/2 000 m, l'étage subalpin est un ensemble forestier où dominent les résineux (pins crochets, pins cembro, mélèzes, épicéas). À la limite de cet étage se situe la zone de « combat », transition entre la forêt et la prairie. Les conditions de vent, de froid et de neige sont beaucoup plus sévères, les arbres se rabougrissent, sont souvent isolés, et les buissons de rhododendrons et de myrtilles s'installent dans les espaces laissés libres.

De 1 800/2 000 à 2 800/3 000 m, l'étage alpin est le domaine de la « prairie alpine », pelouses où dominent les graminées. On trouve l'équivalent sous les tropiques, avec d'autres noms comme les paranos andins. La couverture neigeuse dure longtemps, les sols sont très appauvris (ranker sur roches acides, rendzines sur roches calcaires). La limite supérieure de cet étage est celui des neiges persistantes, autre limite géographiquement très importante.

Au-delà de 2 800/3 000 m, c'est l'étage nival, domaine du roc et de la glace. La végétation a quasiment disparu, sauf dans des creux où subsistent des plantes vivaces en coussinet aux couleurs vives. Des lichens se maintiennent sur les roches libres de neige.

Les régions tropicales présentent des originalités qui ne peuvent se limiter au décalage vers le haut des seuils d'étagement végétal. Ainsi dans les Andes, on observe à l'étage subandin (équivalent du subalpin) une « forêt nuageuse », la nebelwald des auteurs allemands, riche en épiphytes (orchidées), lichens et mousses. En Afrique, la partie supérieure de l'étage subalpin (de 3 200 à 4 000 m) présente une forêt basse riche en bambous et bruyères arborescentes.

La faune est aussi diversifiée que la flore. La principale adaptation est liée au froid et prend des formes différentes : développement des fourrures chez l'ours, la vigogne et le chinchilla, hibernation chez la marmotte. Des rongeurs se construisent des abris sous la neige et restent actifs tout l'hiver. Les amphibiens et les reptiles assurent leur pérennité par de profondes modifications de leurs conditions de gestation.

Les herbivores sont nombreux et bien adaptés aux conditions de pente et de froid : yack en Himalaya, élan dans les Rocheuses, guanaco, lama et alpaca dans les Andes, chamois et bouquetins dans les Alpes. Ces herbivores sont suivis par leurs prédateurs naturels tels le couguar dans les Rocheuses, le puma dans les Andes, le léopard des neiges en Himalaya, le loup dans les Alpes et les Pyrénées.

Les oiseaux, lorsqu'ils sont bons voiliers, sont particulièrement bien adaptés à la haute altitude et à la violence des courants aériens : c'est le cas des aigles, faucons, vautours et condors.

2 Morphogénèse et modelés montagnards

Les paysages de montagne présentent deux caractéristiques, quelle que soit leur localisation : la première, des paysages anciens, véritables musées des formes créées lors des grandes époques glaciaires, largement remaniés par des processus actuels, qui sont le reflet du poids de l'altitude. La zonalité s'y marque dans des retouches de détail qui font l'originalité de chaque massif. La seconde, des paysages marqués par la domination : les régions basses sont soumises aux événements survenant dans les domaines les plus élevés (l'équivalent de l'alpin et du nival). Il y a donc un étagement des formes dans les montagnes, moins net que pour la végétation mais très présent.

a – Les héritages

Les dernières glaciations ont largement affecté les domaines montagneux. Il y a moins de 20 000 ans, les Alpes et le Jura ont été entièrement recouverts par des glaciers. Le Massif central était lui aussi recouvert d'une petite calotte glaciaire. Il en fut de même pour les montagnes asiatiques : Altaï, monts Verkhoïansk, en Himalaya l'Hindi-Kusch, les monts Tian Shan et Kunlun, et les montagnes américaines, les Rocheuses ou les Andes de Bolivie.

Le réchauffement holocène a été rapide et a libéré les parties basses des montagnes de leur chape glaciaire. Seuls les plus hauts sommets ont conservé leur couverture. Ce recul des glaciers a mis en évidence des paysages dus soit à l'érosion glaciaire (lacs de surcreusement, grandes vallées en U) soit à l'accumulation. Comme l'extension de ces glaciers de montagne a été considérable, leurs marques dépassent de beaucoup l'extension actuelle des glaciers et s'observent jusqu'en plaine.

Les grandes vallées ont été calibrées par les glaciers : gigantesques auges à fond plat, dont le profil en long est très accidenté (ombilic et verrous) et qui sont aujourd'hui soit comblées (la plaine du Grésivaudan), soit envahies par les eaux jusqu'à former de très nombreux lacs (lac Léman, les lacs italiens, etc.). Les cirques glaciaires offrent une grande diversité de forme et sont souvent occupés par de petits lacs d'altitude (entre 1 800 et 2 500 m). Le recoupement des lignes de crêtes qui bordent les cirques donne parfois lieu à des pics acérés (ainsi le Cervin) nommés « horn ».

Les formes d'accumulation ne sont pas moins présentes dans les paysages : ainsi des dépôts morainiques recouvrent les versants ou bien forment de vastes bourrelets obstruant la vallée (vallum morainique) et marquent l'extension maximale des glaciers. D'énormes blocs parsèment les vallées ou leurs versants, témoins de la capacité de transport des glaciers : ce sont les blocs erratiques.

Ces paysages hérités sont aujourd'hui retravaillés par les systèmes morphogéniques vivants : les gorges étroites fendent les verrous ou traversent les vallums morainiques. Ces dépôts glaciaires sont aussi les matériaux à partir desquels se développent les sols actuels. Ils constituent une grande partie de la charge des torrents.

b – Les systèmes morphogéniques actuels

Les systèmes morphogéniques actuels sont aussi importants et originaux[1]. Ils dépendent de la gravité, de l'altitude et de la latitude. Ils sont d'autant plus actifs que l'altitude s'élève. On observe un étagement des modelés et des actions morphogéniques, même si les seuils sont moins nets que pour la végétation.

1. Se reporter au chapitre III de la deuxième partie pour plus de détails.

Le phénomène de domination (les événements qui se déroulent au sommet ont une résonance sur les parties avales) est essentiel. Phénomène lié à la gravité, il est transzonal et caractéristique de la montagne.

• Les formes des étages nival et alpin

C'est le domaine où le froid est le plus intense et dure le plus longtemps ; la morphogénèse est la plus active là où la végétation est quasi nulle, ce qui est le cas de l'étage nival. La limite inférieure de cet étage est celui de l'isotherme annuel de 0 °C. Il faut distinguer les surfaces englacées et celles qui ne le sont pas.

• *Les surfaces non englacés*

Elles subissent une érosion dite « périglaciaire » caractérisée par la désagrégation mécanique et des actions de gel/dégel : la cryoclastie. Cette action est d'autant plus forte que les roches ont subi de très violentes pressions lors de la mise en place de la montagne. Elles sont donc fortement diaclasées, fracturées ; leur résistance est déjà moindre et les angles d'attaque de l'érosion s'en trouvent multipliés. L'éboulisation est importante et les versants sont nappés de tabliers d'éboulis dont la pente est fonction de la taille des débris rocheux.

Les avalanches naissent souvent dans ces domaines, alimentées parfois par les névés. Elles dessinent de profonds couloirs. Elles sont typiques de l'effet de domination. On distingue deux types d'avalanches : l'avalanche poudreuse et l'avalanche de fond.

L'*avalanche poudreuse*, mélange d'air et de neige, peut se produire par n'importe quel type de temps. Elle est formée de neige froide et sèche. Son écoulement très turbulent est précédé par un vent très rapide de 100 à 250 km/h, « le souffle de l'avalanche ». Elle est peu influencée par le relief et son épaisseur peut être considérable (plusieurs dizaines de mètres). C'est le souffle qui est le plus destructeur.

L'*avalanche de fond* est une avalanche très dense, entraînant une grande épaisseur de neige qui se produit essentiellement lors des phénomènes de redoux. Elle présente une partie amont d'accumulation, un chenal d'écoulement (le couloir d'avalanche) et un cône d'accumulation en bas de pente. La vitesse dans le couloir peut être considérable (de 100 à 300 km/h). Une grande masse est ainsi mise en déplacement et ses effets morphologiques sont importants. Elle creuse la zone d'écoulement, arrache des débris rocheux et la végétation. C'est un risque majeur.

• *Les régions dominées par les glaciers*

Les glaciers de montagne présentent plusieurs formes, depuis les glaciers de cirque jusqu'aux langues glaciaires qui occupent les vallées (la Mer de Glace). Certains glaciers particulièrement bien alimentés débordent largement de la montagne (montagnes Rocheuses ou glaciers de l'Himalaya). Leur action importante (creusement des roches tendres, accumulation des débris) n'est visible dans le paysage que lors de leur fonte.

• Les formes des étages montagnard et subalpin

Les étages montagnards et subalpins subissent avant tout les effets de domination : langues glaciaires et leur cortège de moraines. Les éboulis témoignent de l'érosion périglaciaire héritée (il y a moins de 20 000 ans). Les avalanches aboutissent à ce niveau et des cônes de débris se forment au pied des couloirs d'avalanche.

La morphogénèse est cependant beaucoup moins active que dans les étages supérieurs. Le domaine de la prairie alpine comporte les marques les plus nettes d'action périglaciaire : les mouvements de solifluction, et les cônes d'éboulis sont encore nombreux. L'exposition joue un rôle essentiel (fonte plus ou moins précoce de la neige, départ d'avalanches). La couverture végétale limite l'action morphogénique, d'autant plus à l'étage montagnard qui est le domaine de la forêt. La pédogénèse redevient le phénomène le plus important.

Les torrents sont les éléments morphologiquement les plus actifs de ces régions. Ils marquent le paysage par l'incision de leurs cours et par l'importance des cônes de déjection au raccord avec le pied de la montagne.

Conclusion

La montagne présente une forte originalité d'ensemble. Les conditions de vie y sont marquées par l'altitude et la diminution d'oxygène, les fortes déclivités des pentes rendent leur mise en valeur délicate et les zones basses, les plus « maniables », sont toujours sous la menace des événements qui prennent leur source plus haut (avalanches). En dépit de ces conditions difficiles, l'action anthropique est ancienne et l'homme a toujours su tirer parti de la montagne soit pour en faire un refuge en cas de guerre, soit pour la mettre en valeur et bénéficier de l'étagement. Domaine redouté encore au XIXe siècle en Europe, domaine des dieux en Asie, il est devenu aujourd'hui l'un des grands terrains de loisir des civilisations industrielles.

Bibliographie

CHARDON Michel, *Montagnes et milieux montagnards. Géographie physique des montagnes*, IGA Grenoble, 1990.

ROUGERIE Gabriel, *Les Montagnes de la biosphère*, Paris, Armand Colin, 1989.

VEYRET Yvette (dir.), *Les Montagnes. Discours et enjeux géographiques*, Paris, Sedes, « DIEM », 2001.

II. Les littoraux

Les géosystèmes littoraux, bien que d'une grande diversité (de la mangrove tropicale au jardin d'écueil du littoral arctique), offrent à travers le monde une forte unité de paysages. C'est la seule interface du globe entre l'atmosphère, la lithosphère et l'hydrosphère. Les actions de la mer donnent son homogénéité à ce vaste domaine (près d'un million de kilomètres de littoral dans le monde).

On parle de côte ou bien de littoral : aujourd'hui l'utilisation des deux termes est à peu près équivalente. Si la définition du trait de côte est aisée – c'est la courbe de niveau située à l'intersection de la terre et de la mer lors d'une marée haute (coefficient 120), avec des conditions météorologiques normales –, celle du mot littoral l'est moins. Il va bien au-delà de ce contact : c'est l'ensemble du domaine concerné par l'influence de la mer. On distingue trois niveaux :

– l'*avant-côte* est le domaine sous-marin concerné par les sédiments littoraux (galets, sable, vase) qui, entraînés par la houle, se déposent sur cette avant-côte mais sont remobilisables ;

– l'*estran* est la zone de balancement des marées, comprise entre les plus hautes et les plus basses mers ;

– l'*arrière-côte* a des limites difficiles à fixer qui varient d'une côte à l'autre. Elle comprend les estuaires jusqu'où la marée remonte, les étangs et marais dus aux barrages construits par la mer (cordon de galets ou de sable) et les dunes littorales. Ainsi l'arrière-côte se définit comme l'ensemble qui, d'une façon ou d'une autre, est sous le commandement des influences maritimes (embruns, vents marins, modification de la nappe phréatique par la présence du niveau de la mer).

Cette interpénétration entre mer et terre a toujours été source de richesse et d'attraction pour les populations. Depuis la préhistoire, la pression démographique n'a fait que croître : aujourd'hui plus de 40 % de la population mondiale vit à proximité des côtes prises au sens large (une bande d'une centaine de kilomètres). Aussi ce domaine est-il particulièrement soumis aux actions anthropiques.

1 Les principaux caractères des littoraux

Le niveau marin, outre les oscillations de courte durée (houles, marées), est affecté par des variations à long terme de grande ampleur (de - 140 m à + 2 mètres). Le niveau actuel est très récent (6 000 ans). Connaître les variations à long terme est nécessaire pour comprendre l'évolution des littoraux.

a – Les variations des lignes de rivage

Le contact entre la terre et la mer (le trait de côte) est très fluctuant et a varié de façon importante au cours des temps géologiques (encadré n° 19).

Les littoraux sont donc très récents à l'échelle géologique, et les paysages portent encore souvent les traces de systèmes morphogéniques non marins actuellement remis en cause par les formes d'érosion et d'accumulation propres à la mer. Quelles sont les formes d'action de la mer ?

b – Des facteurs originaux pour l'évolution des littoraux

Le façonnement des littoraux et leur évolution sont dus à des facteurs liés à la présence de la mer (encadré n° 20) et à des facteurs non strictement marins. Les agents atmosphériques, en premier lieu les vents, agissent partout mais leurs actions sur les littoraux ne sont entravées par aucun obstacle. La végétation est rare, ce qui les rend encore plus efficace. Les facteurs continentaux comme l'action du ruissellement, le gel, les forces de gravité jouent aussi un rôle important, de même que les actions de l'homme, de plus en plus prégnantes depuis la révolution industrielle.

ENCADRÉ N° 19

Les causes de variations du niveau de la mer

Les variations eustatiques, c'est-à-dire les variations positives ou négatives du niveau de la mer, sont dues :

1) Aux causes diastrophiques : variations du volume des bassins océaniques liées aux mouvements des plaques lithosphériques, processus dont le pas de temps est très long (plusieurs dizaines de millions d'années).

2) À la glacio-eustasie : variation d'ensemble du niveau de l'océan mondial due à des oscillations majeures du climat. Lors des périodes froides, une partie de l'hydrosphère est stockée sous forme de glace continentale et il y a régression (le niveau de la mer s'abaisse de 100 à 140 mètres). Lors des réchauffements, la fonte de la glace entraîne la remontée du niveau marin à une altitude proche de l'actuelle. Ces alternances de régression/transgression marines se font sur des périodes de 20 000 à 100 000 ans. La dernière transgression (dite flandrienne) a commencé il y a environ 18 000 à 20 000 ans, et s'est stabilisée au niveau actuel vers 5 000 à 6 000 ans BP[1].

3) À la thermo-eustasie : le réchauffement entraîne une augmentation du volume des océans, ce qui expliquerait l'élévation du niveau de la mer depuis près de deux siècles. Mesuré depuis un siècle, le niveau de la mer s'est élevé de 15 centimètres. Ce phénomène est mis en corrélation avec l'utilisation massive de combustibles fossiles (rejet dans l'air du dioxyde de carbone qui favorise l'effet de serre, responsable en partie du réchauffement climatique). Il y aurait donc une part anthropique dans le relèvement du niveau de la mer.

4) À l'isostasie : régionalement, certaines portions de continents autrefois englacées (Écosse, Scandinavie, Canada) connaissent un fort relèvement dû à la fonte des glaces. Celle-ci a entraîné un ajustement vertical, l'enfoncement lié à la surcharge de glace ayant disparu. Ce relèvement est souligné par des témoins (sable, galets, etc.) de plages dite soulevées ; il est de l'ordre de 120 mètres au Canada et de plus de 200 mètres en Scandinavie. Il y a parfois subsidence (enfoncement) et remontée du niveau de la mer (plaine des Pays-Bas, Venise).

1. BP, *before present* : date de référence retenue comme origine pour les datations absolues, arbitrairement fixée à 1950.

ENCADRÉ N° 20

Les forces d'action de la mer

La marée joue un rôle essentiel dans le façonnement des littoraux (voir première partie, chapitre II). Les hauteurs de marée sont indiquées en France par rapport au zéro hydrographique (niveau le plus bas atteint par la mer lors du coefficient de marée le plus fort (120)). Le coefficient de marée est exprimé en centièmes, valeur comprise entre 20 et 120. La valeur 100 est associée à une amplitude astronomique maximale de la marée à Brest, calculée par le SHOM (Service Hydrographique et Océanographique de la Marine). La dénivellation de la marée (marnage) détermine la largeur de l'estran. Celui-ci freine les vagues, diminue leur énergie et donc leur pouvoir érosif. Lorsque les vagues sont très freinées, dans les fonds de baie, les fines particules peuvent se déposer lors de l'étale (moment où le niveau de la mer demeure stable, étale de haute mer, étale de basse mer), ce qui est à l'origine des vasières. Les courants de marée (le jusant lors de la marée descendante et le flot lors de la marée ascendante) sont susceptibles d'une forte action érosive, surtout dans les passes resserrées qui renforcent leur vitesse (jusqu'à 10 nœuds) ; ils sont aussi des agents de transport de débris. Ils sont réversibles, ce qui limite leur action morphologique.

Les vagues et les houles (voir première partie, chapitre II) : arrivées à la côte, les houles subissent des déformations liées soit au relèvement du fond soit à la rencontre d'obstacles :

- le *déferlement des vagues* est la déformation rapide de leur profil lorsqu'elles heurtent le fond ;
- la *réfraction* : dès que la profondeur devient inférieure à la moitié de leur longueur d'onde, les crêtes ont tendance à se disposer parallèlement aux isobathes[1] ;
- la *réflexion* : un obstacle (naturel ou non) renvoie la houle et l'angle d'incidence est égal à l'angle de réflexion ;
- la *diffraction* est le mouvement de rotation de la houle autour d'un obstacle qui explique les incurvations d'une pointe libre de galets ou de sable ;
- les *ondes de tempête* et les *tsunamis* (première partie, chapitre II) ont des effets morphologiques considérables à leur arrivée à la côte. Ce sont des risques majeurs.

1. Une isobathe, ou courbe isobathe, est une ligne joignant des points d'égale profondeur.

Les courants littoraux

La *dérive littorale* est un courant qui se déplace parallèlement à la côte, résultant de l'obliquité des vagues à la côte. Il est capable de déplacements sédimentaires importants.

Les *courants de retour*, qui s'écoulent sur le fond vers le large, sont le contrecoup du déferlement et de l'apport d'eau à la plage. Perpendiculaires au rivage, ils peuvent entraîner les sables vers le large, là où les vagues ne peuvent les mobiliser. C'est une perte sédimentaire pour le rivage.

Les *embruns* sont des gouttelettes d'eau marine provenant de l'écrêtement par le vent de la surface des vagues, qui jouent un rôle important dans la corrosion des étages supra-littoraux (haloclastie).

Les *organismes marins et littoraux* exercent une action importante, soit dans la fragilisation de la roche (les algues), soit dans des constructions (algues coralliennes ou bien herbiers à posidonies qui protègent le littoral en freinant les houles).

2 Les grands types de littoraux

a – Les côtes de dénudation

C'est le cas des côtes rocheuses ou des côtes à falaises (croquis n° 15). Certains auteurs estiment qu'elles représentent 80 % des côtes du monde[1]. L'importance de l'escarpement permet de distinguer les côtes rocheuses des côtes à falaise.

Une falaise correspond à un escarpement de hauteur très variable au contact avec la mer et dû à la présence de celle-ci. C'est une forme d'érosion, la falaise reculant parallèlement à elle-même et laissant ainsi devant elle un platier rocheux appelé plate-forme d'abrasion. Recouvert de débris rocheux, ceux-ci arment les vagues de tempête qui mitraillent le pied de la falaise, le faisant reculer.

Lorsque la plate-forme est absente, on parle de falaise plongeante (la pointe du raz). Lorsque la falaise n'est plus attaquée par la mer et séparée d'elle par des accumulations, c'est une

1. K. O. Emery et G. G. Kuhn, 1982.

Croquis n° 15

Côte rocheuse (fausse falaise dans le granit) et falaise dans la craie avec une valleuse

Côte rocheuse (fausse falaise dans le granit)

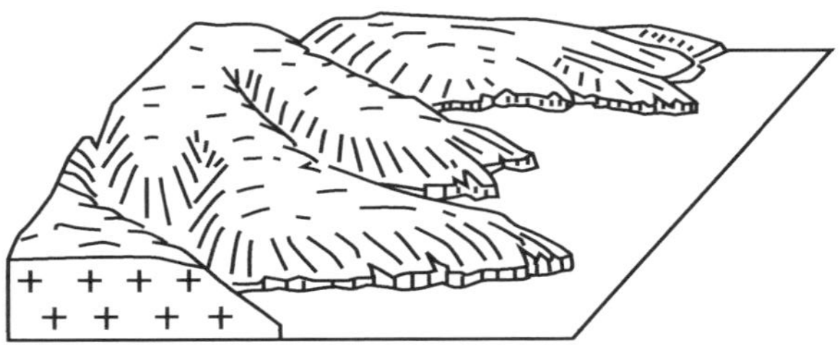

Falaise dans la craie avec une valleuse

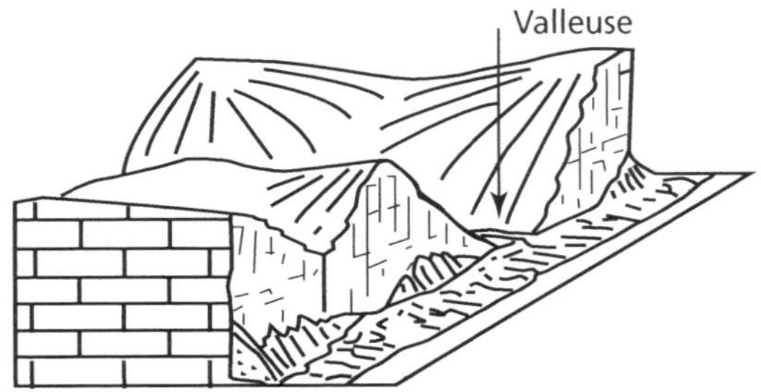

Source : d'après André Guilcher, *Morphologie littorale et sous-marine*, Paris, Puf, « Orbis », 1954.

falaise morte. Si la falaise n'est pas le fait de la mer mais simplement un escarpement baigné par la mer, c'est une fausse falaise.

La forme et l'évolution des falaises dépendent d'une part des conditions structurales et lithologiques et d'autre part des conditions morphogénétiques. Si, dans le granit, le recul des falaises est quasiment nul, dans les roches plus fragiles (calcaire, argile, etc.), il peut être considérable (30 mètres par siècle en pays de Caux par exemple).

Les embouchures des côtes rocheuses présentent souvent des paysages originaux : ce sont des rias (côte bretonne, Galice espagnole), définies par A. Guilcher comme « des systèmes fluviaux envahis partiellement par la mer ». Ce sont donc des formes de submersion. Un aspect particulier est celui des fjords (côte norvégienne, Écosse), vallées glaciaires envahies par la mer. Dans ce cas, le relèvement isostatique de ces régions en fait à la fois des côtes de submersion et des côtes d'émersion.

b – Les côtes d'accumulations

Elles sont d'une grande diversité et exercent sur les hommes une grande attirance, qui se traduit par le développement touristique ou industriel. Les risques de pollution sont considérables.

Croquis n° 16
Une côte d'accumulation
(cordon littoral devancé par une vasière)

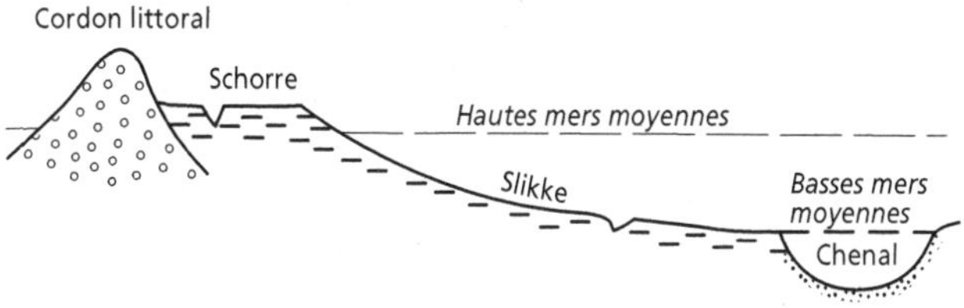

Source : d'après André Guilcher, *Morphologie littorale et sous-marine*, Paris, Puf, « Orbis », 1954.

• Les plages et les dunes

Les plages (de sable ou de galets) sont exposées aux houles. Leur matériau dépend de la force de ces dernières autant que du matériel fourni. Ces accumulations offrent une très grande diversité de forme.

Attachées à deux points d'appui, on parle de plage ou cordon de fond de baie. Elles sont de forme généralement semi-circulaire, plan géométrique quasi parfait. La diffraction des houles les fait diverger et former un arc de cercle qui se retrouve dans le plan de l'accumulation.

Lorsqu'elles n'ont qu'un point d'accroche, ce sont des flèches. Leur extrémité libre est soumise à la diffraction des houles. La pointe de l'accumulation est recourbée en forme de crochet. Il y a un grand nombre de type de flèches : reliant une île à la côte, c'est un tombolo (ainsi à Quiberon), développée en arrière d'une île et ne rejoignant pas la côte, c'est une queue de comète, barrant un estuaire, c'est un poulier. Ce dernier cas est particulier car le poulier est toujours associé à une forme d'érosion : le musoir, qui affecte la rive qui fait face au poulier (fréquent sur les estuaires picards).

Les plages évoluent en fonction de l'orientation des houles et tendent à se mettre en équilibre perpendiculairement aux crêtes de ces dernières. Si l'obliquité est trop forte, les plages évoluent du fait de la dérive littorale. L'élément essentiel est celui du jet de rive, qui est un apport d'eau à la plage dû au déferlement de la vague et dont l'incidence est celle de la vague. Le retrait de l'eau ainsi apportée à la côte se fait selon la gravité, perpendiculairement à la pente. Ces mouvements d'eau très turbulents ont la capacité de déplacer les grains de sable ou les galets. Il s'établit ainsi un équilibre entre la puissance des vagues et le calibre et l'abondance des matériaux composant la plage. Le profil d'équilibre est concave, et s'il se réalise très rapidement, il varie aussi rapidement en fonction des conditions de la mer. Le régime des plages est saisonnier : elles maigrissent pendant l'hiver (période des tempêtes) et engraissent pendant l'été (période plus calme).

Actuellement, le bilan sédimentaire (balance entre l'apport et le départ des sédiments) des plages devient de plus en plus négatif. Ceci s'explique essentiellement par l'activité de l'homme, qui soit prélève trop fortement les sédiments pour des utilisations industrielles, soit multiplie les barrages qui appauvrissent les apports sédimentaires des grands fleuves mondiaux.

Lorsque l'alimentation en sédiments sableux est abondante et que l'estran offre de vastes surfaces où la végétation est absente, le vent a une efficacité maximale. Il mobilise les grains de sable, dont le dépôt crée des dunes sur le haut de la plage. Si les vents dominants sont perpendiculaires à la côte, les conditions de formation des dunes sont optimales. Elles atteignent parfois des dimensions et des hauteurs impressionnantes, telle la dune du Pilat près d'Arcachon (plus de cent mètres de haut).

• Les vasières ou marais maritimes

Les zones abritées des houles permettent le dépôt des sédiments fins. Ce sont des milieux fragiles qui, bien que réputés hostiles (fièvre, malaria), ont été aménagés tôt par l'homme (les polders). Ils sont aujourd'hui considérés comme essentiels pour leur richesse biologique et sont souvent des zones protégées.

On distingue deux parties : la zone basse constamment immergée à marée haute, où la vase est nue, désignée du terme hollandais de *slikke* ; c'est la vasière au sens strict. La partie haute, séparée le plus souvent de la précédente par un petit talus (quelques décimètres), n'est recouverte que lors des grandes marées et porte une végétation fermée originale de plantes halophytes[1]. C'est le *schorre*, communément appelé herbu ou pré salé.

Les marais maritimes sont découpés par de fortes entailles qui forment des chenaux évacuant les eaux. On distingue les chenaux empruntés essentiellement par le jusant et ceux qui sont empruntés par le flot.

Les vasières tropicales se distinguent des vasières tempérées par une végétation originale, la mangrove (voir troisième partie).

1. Halophytes : plantes supportant le sel telles les spartines ou les salicornes.

• Les embouchures : deltas et estuaires

Un *delta* est une embouchure de fleuve où les alluvions fluviatiles s'accumulent et dépassent le niveau de la mer. Il s'agit donc d'un gain de la terre sur la mer, qui peut être considérable (140 km pour le plus grand, celui du Mississippi). La forme en triangle caractéristique de cette d'accumulation lui a donné son nom (la lettre grecque, delta, Δ). Ils se forment dans les mers où les marées sont peu sensibles, où il existe un vaste estran, devancé par une large plate-forme continentale (voir chapitre II, première partie), où aboutissent des fleuves très chargés en alluvions. À l'embouchure, les alluvions ont tendance à former des dépôts, d'où l'existence, fréquente, de deltas sous-marins (exemple de la Loire).

Le terme d'*estuaire* (du latin *aestus*, « marée ») désigne la partie d'un organisme fluvial où la marée et ses courants se font sentir (marée dynamique et marée de salinité). C'est le lieu d'affrontement de deux masses d'eau (eaux salées et eaux douces). Les facteurs hydrologiques y sont complexes et les estuaires sont des milieux originaux, avec des phénomènes sédimentaires particuliers, tel le bouchon vaseux (zone de turbidité maximale qui se déplace au gré des courants).

• Les accumulations coralliennes

Ce sont les constructions biologiques des littoraux tropicaux. La température des eaux est le facteur fondamental de leur localisation : les eaux de surface ne doivent pas descendre en dessous de 18 °C. Elles nécessitent une lumière abondante et des déferlements forts pour que les eaux soient très oxygénées. La turbidité doit être faible, ce qui exclut les coraux des zones de delta ou des estuaires. Cet écosystème, le plus riche du monde marin, est d'une grande fragilité. C'est donc un excellent marqueur écologique.

Les formations coralliennes dessinent des formes originales : récif frangeant accolé à la côte ou récif-barrière séparé de la côte par un lagon plus ou moins large (la grande barrière australienne, de 2 000 km de long et distante de 20 à 100 km de la côte). Les atolls sont des récifs annulaires faiblement émergés qui enferment un lagon circulaire : ces îles basses sont en général des édifices volcaniques sous-marins. C'est Darwin qui a donné l'explication de ce phénomène : les coraux ont une croissance supérieure à la subsidence progressive du substrat volcanique.

Conclusion

L'action de la mer, incessante, est double : elle érode les saillants des côtes et colmate les zones abritées. Le littoral est donc une importante zone de transit sédimentaire. Il y a une tendance générale à la régularisation des rivages, et cette tendance varie selon le dessein des côtes et le régime des houles.

Largement façonnés par les influences marines, les littoraux n'en montrent pas moins des originalités liées à la zonalité. Les littoraux tropicaux subissent peu l'érosion mécanique, car les matériaux grossiers manquent, mais les accumulations sableuses sont immenses. L'exubérance de la végétation (la mangrove) leur donne une originalité forte. À l'opposé, les littoraux des domaines froids sont marqués par la domination sans partage de l'érosion mécanique et par le rôle du gel qui empêche l'attaque des vagues (le bord de mer est gelé). Le pied des falaises est pris dans un pied de glace qui, lors du dégel, arrache des morceaux de roche. Le domaine tempéré a hérité d'importants dépôts périglaciaires qui empâtent les côtes et alimentent de nombreuses accumulations.

Tous les littoraux – sauf ceux qui bordent les déserts ou les inlandsis – sont marqués par l'action de l'homme. Leur évolution est de plus en plus marquée par une anthropisation croissante : ils sont en particulier devenus l'objet de conflits d'usage entre les activités industrialo-portuaires et les activités touristiques.

Bibliographie

Guilcher André, *Morphologie littorale et sous-marine*, Paris, Puf, 1954.

Paskoff Roland, *Les Littoraux, impact des aménagements sur leur évolution*, Paris, Masson, 1994.

Verger Fernand, *Zones humides du littoral français*, Paris, Belin, 2009.

III. Les déserts

Le désert désigne usuellement des régions où les êtres vivants sont d'une extrême rareté, voire inexistants. C'est le cas des zones polaires (qui feront l'objet du prochain chapitre) et des déserts chauds. Si la faiblesse des précipitations est commune à ces deux domaines, les déserts chauds (y compris ceux ayant des hivers froids) se caractérisent par des températures qui comptent parmi les plus élevées du globe. Il en résulte des conditions géographiques et écologiques sans aucun rapport avec les domaines englacés des pôles.

Emmanuel de Martonne[1] a élaboré le concept de diagonale aride pour regrouper les différents milieux secs échelonnés en latitude et longitude. Ils se présentent de façon morcelée sur le globe dont ils recouvrent, selon les estimations, près du tiers ou du quart de la superficie. L'ensemble de déserts le plus continu se situe de part et d'autre des tropiques, avec une forte dissymétrie entre les façades orientales et occidentales des continents. Ils disparaissent des façades orientales du fait du phénomène de mousson[2] alors qu'ils s'étalent sur les façades occidentales, tant vers l'équateur que vers la zone tempérée. On distingue :

– le plus vaste domaine désertique du globe, situé de part et d'autre du tropique du Cancer : le Sahara, l'Arabie, le Thar en Inde, prolongé aux latitudes moyennes et de façon discontinue par les déserts du plateau iranien, d'Asie centrale (Touranie) et de Chine (Takla Makan, Gobi, Ordos) ;

– la diagonale d'Amérique du Nord : Californie, Sonora, Mexique ;

1. Emmanuel de Martonne (1873-1955), considéré comme le père de la géographie physique en France.
2. Mousson : voir chapitre suivant.

– la diagonale des déserts autour du tropique du Capricorne : Namib, Kalahari et le sud-ouest de Madagascar ;

– la diagonale d'Amérique latine qui s'étend de l'équateur (Galápagos) au nord du 30° S, à travers les Andes d'Antofagasta jusqu'à la Patagonie. Les pays concernés sont par ordre décroissant d'aridité : l'Argentine, le Nordeste brésilien, le Pérou, le Chili et la Bolivie ;

– la diagonale sèche d'Australie qui couvre 75 % du continent, soit plus de 58 millions de km^2.

Une telle extension en latitude et en longitude implique une grande diversité.

1 Les caractéristiques climatiques et la diversité des déserts

a – L'aridité

L'aridité est le trait fondamental des déserts. Celle-ci est complexe et difficile à définir, car comme l'a dit Jean Dresch[1], « l'aridité n'est pas un phénomène zonal lié à un type de climat. Il n'y a pas un mais des déserts ».

L'aridité est le résultat de la combinaison de plusieurs facteurs : la faiblesse des précipitations (moins de 250 mm/an), la durée des périodes de précipitations et l'intensité de l'évaporation. Celle-ci est fonction de l'importance des températures (particulièrement des températures vraies de l'air et du sol), des maximas thermiques (moyens et absolus), de la fréquence et violence des vents, de la nature des sols, de la couverture végétale et de l'évapotranspiration. Le premier indice a été proposé par E. de Martonne. Il met en rapport les précipitations et les températures : P/T + 10 où P est la somme annuelle des précipitations et T la température moyenne annuelle. De calcul simple, il a été longtemps utilisé et se montre encore aujourd'hui très fiable pour distinguer les grands types d'aridité.

1. J. Dresch (1905-1994), géographe français, spécialiste mondial des déserts.

Un indice inférieur à 5 caractérise les régions hyperarides et correspond aux déserts absolus : Atacama (Chili), Tanezrouft (Sahara), Death Valley (États-Unis).

Un indice compris entre 5 et 10 caractérise les régions arides : la quasi-totalité du Sahara, les déserts d'Iran, d'Inde (Thar), d'Arizona (États-Unis), de Sonora (Nord du Mexique).

Un indice compris entre 10 et 20 est celui des régions semi-arides comme les bordures du Sahara (le Sahel), le Kalahari (Afrique), le Nordeste brésilien ou le Chaco argentin.

Les botanistes ont eux aussi déterminé des formules pour définir l'aridité. La plus simple est celle de Gaussen qui a défini un indice xérothermique[1], très utile pour l'utilisation des diagrammes ombrothermiques[2]. L'indice de Gaussen est établi en fonction des précipitations P (en millimètres) et de la température moyenne T (en degrés centigrades). Trois stades sont définis : l'hyper sècheresse où $P < T$, la sécheresse où $P < 2\,T$, et la subsécheresse où $P < 3\,T$.

b – Les précipitations

L'isohyète des 250 mm par an définit la limite entre domaine désertique et domaine humide (c'est le seuil en dessous duquel la culture des céréales est impossible sans irrigation). Les précipitations sont indigentes, inférieures à 100 mm/an et très souvent moins de 50 mm/an. Certains déserts reçoivent moins de 20 mm/an (ainsi Port Soudan).

L'irrégularité des pluies est un critère tout aussi essentiel, certaines régions (le Tanezrouft) pouvant connaître plusieurs années sans pluie.

L'humidité relative[3] est très faible, excepté dans les déserts côtiers où les précipitations occultes[4] et les brouillards sont

1. L'indice xérothermique indique le nombre de jours écologiquement secs pour une année en un lieu donné.
2. Un diagramme ombrothermique représente les variations mensuelles sur une année des températures et des précipitations, l'échelle des premières étant le double des secondes.
3. C'est le pourcentage entre la teneur réelle de l'air en vapeur d'eau et sa capacité maximale à en contenir dans ces conditions de pression et de température.
4. Précipitations occultes : on nomme ainsi la rosée, qui est due à la condensation de la vapeur d'eau contenue dans l'air.

fréquents, permettant certaines formes de végétation (le désert de Namibie et le désert chilo-péruvien).

c – Les températures

Les températures atteignent des niveaux très élevés (plus de 50 °C, avec un record absolu de 69,5 °C à Tamanrasset). Les températures au sol peuvent être encore plus élevées : sur le sable ou la roche nue, les 80 °C sont souvent atteints. La brutalité des écarts thermiques entre le jour et la nuit est très forte. Les écarts annuels sont modestes sous les tropiques mais considérables aux latitudes tempérées.

Les températures opposent les déserts chauds, ceux de la zone tropicale où les températures sont toujours positives excepté quelques nuits (au Sahara les températures peuvent descendre en dessous de 0 °C la nuit), aux déserts froids. Les vrais déserts froids sont ceux où en hiver la moyenne des températures est inférieure à 0 °C pendant plusieurs mois. Ce sont le plus souvent les déserts eurasiatiques qui se développent du 35e au 55e parallèle nord. Mais les déserts d'altitude ou d'abri (Patagonie) peuvent également connaître des températures très basses.

d – La diversité des déserts

La diversité des déserts s'explique principalement par deux facteurs : la circulation générale et la continentalité (voir le chapitre III de la première partie).

De part et d'autre des tropiques, la ceinture des anticyclones subtropicaux détermine des masses d'air subsidentes peu propices aux condensations. C'est là que se développent les déserts zonaux, barrière entre la zone tempérée et la zone tropicale humide. Sur la façade occidentale des continents, la présence de puissants *upwellings* (remontées d'eaux froides) altère l'aridité, imposant des précipitations de type brume ou rosée.

De puissants obstacles montagneux (les Andes) ou la situation à l'intérieur des continents entraînent la diminution des précipitations, jusqu'à les rendre inférieures à l'évaporation. Ce sont les déserts d'abri et les déserts continentaux. Les déserts d'abri se situent à toutes les latitudes (tropicales dans le sud-ouest de Madagascar ; tempérées en Patagonie). Les déserts continentaux ne s'observent que dans les continents massifs, aussi l'Eurasie en offre-t-elle les plus beaux exemples (Takla Makan, Gobi, désert des Ordos en Chine du Nord).

La situation géographique et les conditions climatiques permettent d'esquisser une typologie des déserts :

– les déserts zonaux qui vont de l'hyperaride (Ténéré au Sahara) au semi-désert tropical (le Sahel saharien) ;

– les déserts littoraux marqués par la brume et les précipitations occultes (désert chilien) ;

– les déserts d'abri, d'une grande variété : équatoriaux (fond du rift Kenyan), tropicaux (Madagascar), subtropicaux (désert de Sonora), tempérés (Patagonie) ;

– les déserts continentaux à hiver très froid (Asie centrale, Chine du Nord) ;

– les déserts d'altitude (Tibet).

Les paysages désertiques contribuent largement à leur originalité.

2 Les paysages des déserts

a – L'hydrologie des déserts

La totalité du monde désertique est marquée par l'endoréisme : les oueds (cours d'eau intermittents) dont les écoulements ne parviennent pas à la mer car les eaux se perdent dans les sables ou dans des dépressions où l'évaporation fait disparaître toute trace d'eau.

Les centres des déserts sont marqués par l'aréisme (absence d'écoulement).

Il y a cependant des exceptions : des fleuves allogènes puissants, prenant leur source à l'extérieur du désert, peuvent le traverser. Le Nil en est l'exemple le plus marquant. L'exoréisme n'est donc pas inconnu des déserts.

Les marges semi-arides dont les précipitations, sous forme de brusques averses, sont supérieures à 100 mm, connaissent des écoulements linéaires violents, avec des crues brutales qui peuvent occasionner des désastres, surtout sur les piedmonts des montagnes. L'érosion fluviale existe donc, quoiqu'elle soit rare. Elle a laissé des traces anciennes (nombreux dessins de vallées qui guident parfois les crues exceptionnelles), témoins de formes héritées de périodes plus humides lors des interglaciaires du Pléistocène.

La brutalité des précipitations et la nudité du sol favorisent les écoulements diffus qui, lors d'épisodes orageux, prennent la forme d'une nappe d'eau dévalant les pentes, avec une forte action érosive : ce sont les sheet-flood caractéristiques des milieux semi-désertiques.

L'hydrologie souterraine est présente dans les déserts par le sous-écoulement ou inféroflux des lits d'oueds, mais aussi des grands fleuves pérennes. L'inféroflux du Nil (situé à une centaine de mètres de profondeur) est un puissant aquifère (le débit de cette « rivière souterraine » serait de 6 fois le débit du fleuve). Elle est également présente sous la forme des nappes fossiles héritées des périodes plus humides du Quaternaire (c'est le cas des grands aquifères du Sahara et d'Australie).

b – Les modelés des régions arides

En l'absence d'eau, l'érosion mécanique domine. La météorisation par thermoclastie, haloclastie et cryoclastie (en région de montagnes) façonne les versants et produit une grande quantité de débris de toute taille. Compte tenu de la rareté de la couverture végétale, le vent est l'élément d'érosion, de transport et de dépôt essentiel. Le paysage est minéral.

L'absence d'écoulement régulier et la désorganisation des paléo-vallées aboutissent à une topographie originale où la distinction entre interfluve et talweg n'a plus de sens. Les plaines, échancrées de vastes couloirs et plateaux, dominent le paysage. En l'absence d'érosion chimique, les formes héritées de climats antérieurs sont nombreuses et bien conservées.

Cette monotonie est rompue par des chicots rocheux de taille très variée : les inselbergs. Leur élévation verticale surprend au sein de ces régions planes. Leurs versants très raides se raccordent par de longues pentes aux surfaces de base. Ce sont des pédiplaines. Ces formes, dont l'origine a longuement été discutée, sont très certainement les témoins de périodes plus humides. On observe d'ailleurs des inselbergs en domaine méditerranéen et en domaine tropical humide.

Ces formes anciennes sont actuellement remaniées par le vent. Les plateaux de roches dures sont nettoyés de leurs débris par la déflation éolienne : ce sont les regs. Les surfaces des plateaux de roches dures (grès, calcaire, laves) constituent les hamadas sahariennes débarrassées de tout débris. Les rochers qui font saillie ont leurs bases attaquées par un vent armé de fines particules (sur une hauteur de deux mètres maximum) : c'est la corrasion, qui les sculpte en forme de champignons.

Les surfaces composées de roches peu résistantes (argile) sont parfois creusées de sillons profonds de quelques mètres, tel les yardangs d'Iran central. Les dépressions qui recueillent les eaux des oueds subissent une intense déflation : se créent ainsi des cuvettes hydro-éoliennes.

Bien qu'occupant à peine le quart de la surface des déserts, les dunes de sable sont emblématiques de ces paysages. Lors d'épisodes anciens (transgressions marines, accumulations détritiques continentales, etc.), d'énormes quantités de sable se sont déposées dans les bassins des déserts. Ces accumulations sont remaniées par le vent de deux façons différentes, sous forme de dunes mobiles ou d'ergs (croquis n° 17).

Les dunes mobiles se déplacent sur des substrats rocheux proches : le sable est ici en transit et se déplace sous forme de dunes dessinant un croissant aux pointes effilées qui s'allongent sous le vent. Ce sont les barkhanes dissymétriques : versant en pente faible au vent, en pente très forte sous vent (la pente est fonction de la granulométrie). Leur hauteur varie de quelques mètres à une centaine de mètres et leur vitesse de déplacement peut atteindre la trentaine de mètres par an.

Les imposants amas dunaires constituent les ergs (Grands Ergs Occidental et Oriental du Sahara par exemple). L'emplacement des ergs est stable et ils évoluent peu. Ils sont le résultat du remaniement d'anciens dépôts épais accumulés dans de vastes dépressions lors de périodes de sédimentation lacustres ou fluviales antérieures (Pléistocène).

Croquis n° 17

Formation d'un champ de Barkhanes.
Le versant au vent est en pente douce, le versant sous le vent est très raide

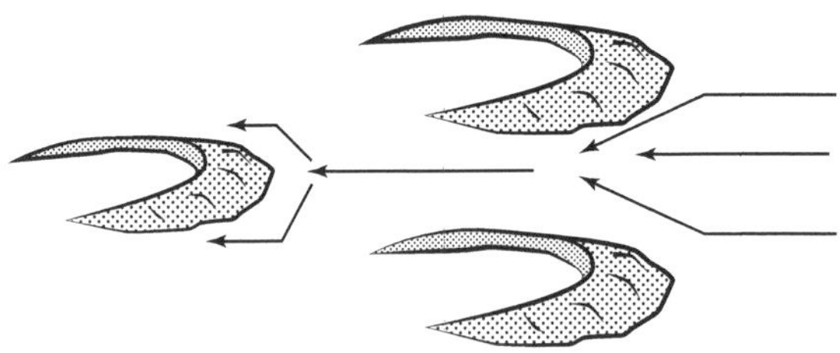

Le versant au vent est en pente douce, le versant sous le vent est très raide.

⟶ Sens du vent dominant

Source : d'après Pierre Birot, *Précis de géographie physique générale*, Paris, Armand Colin, 1959.

c – Les biocénoses désertiques

Ces paysages minéraux, reflet des sévères conditions climatiques des déserts, ne sont pas dénués de toute vie.

Les sols des déserts sont des lithosols (sols squelettiques très peu évolués) car du fait du manque d'eau la minéralisation est très faible, et la rareté de la végétation implique une rareté de la litière. La très forte évaporation fait remonter des sels de toute sorte. Les sols présentent ainsi un horizon concrétionné, carbonaté ou salé. Ceux du centre des déserts sont gris (les serozems). Les sables vifs sont exempts de tout sol et donc de toute végétation, excepté quelques rares psammophiles. Les marges sont un peu plus riches avec des sols de steppe bruns à croûte calcaire.

L'adaptation des plantes aux conditions d'aridité est variée.

Les xérophytes ont de très longues racines déployées soit horizontalement soit verticalement à la recherche d'eau, les feuilles sont petites, coriaces et le plus souvent ligneuses. Le port en boule ou en coussinet leur permet d'échapper à l'action du vent, la sève est plus épaisse (présence de sels liée à l'évaporation). De nombreuses plantes n'existent que sous forme de graines, qui peuvent rester enfouies des années et germer à la première pluie (ainsi les prairies éphémères du Sahara, l'acheb). Les formations végétales sont de petite taille et ont un très faible taux de recouvrement (l'écartement des plantes leur permet de capter le maximum d'eau). Les oueds présentent des fourrés de petits arbres, et une brousse épineuse s'étend sur les hamadas. La flore est très pauvre (moins de 300 espèces dans les semi-déserts, moins de 50 dans les déserts absolus).

La faune est elle aussi réduite, bien qu'elle ait du fait de sa mobilité plus de moyens de lutter contre les mauvaises conditions que les plantes. Les adaptations sont nombreuses : petite taille, pelage ras, possibilité de constituer des réserves d'eau comme la bosse du chameau. La plupart se cachent le jour et chassent leur nourriture la nuit.

Comptant parmi les milieux les plus déshérités du globe, les déserts n'en sont pas moins le lieu d'une vie originale et parfois intense, comme l'attestent les oasis, ces îlots de verdure liés à la présence d'un puits ou à la possibilité d'une irrigation par un oued.

Conclusion

Les déserts sont des géosystèmes fragiles. Le seuil de pression anthropique supportable par le milieu est très vite atteint, et les dégâts occasionnés sont alors irréversibles. C'est le cas des bordures de désert, les sahels, où une mise en valeur trop intense (en particulier le surpâturage, souvent lié à la sédentarisation forcée des populations nomades), favorise l'avancée du désert. Cette progression des déserts s'observe partout dans le monde et est un sujet important d'inquiétude pour les sociétés concernées. L'ONU donne la définition suivante du terme de désertification :

« dégradation des terres dans les zones arides, semi-arides et subhumides sèches par suite de divers facteurs, parmi lesquels les variations climatiques et les activités humaines ». Parler de désertification suppose toutefois de tenir compte du caractère irréversible de la dégradation observée (à l'échelle d'une vie humaine). De nombreuses réunions internationales ont eu lieu depuis les années 1970, mais faute d'accord politique, il n'y a eu jusqu'à présent que des déclarations d'intention.

Bibliographie

Dresch Jean, *Géographie des régions arides*, Paris, Puf, 1982.

Mainguet Michel, *Les Déserts*, Paris, Pocket-Cité des sciences, « Explora », 1995.

IV. Les domaines froids des hautes latitudes

Les domaines froids des hautes latitudes sont ceux de la cryosphère, soit l'ensemble des glaces de la planète, hormis celles des glaciers des hautes montagnes du globe. Ils sont composés des grandes calottes continentales de l'Antarctique et du Groenland, de la banquise qui recouvre les océans aux hautes latitudes et des sols gelés en permanence sur de grandes épaisseurs en Scandinavie, Russie d'Europe, Sibérie et Amérique du Nord (le pergélisol ou permafrost). La cryosphère est un témoin-clé de l'évolution du climat actuel, mais aussi passée et future. Les glaces des inlandsis sont par exemple des archives des climats passés, et l'analyse des molécules d'air prisonnières des glaces permet aux scientifiques de mieux connaître les climats de ces derniers 400 000 ans.

Les domaines froids s'étendent des pôles à l'écotone toundra/taïga, limite sud de ces domaines froids. La limite est sinueuse, car très sensible aux diversités topographiques ; elle passe entre les 60° et 70° N et S. L'inégalité entre l'hémisphère boréal et austral est maximale : le monde polaire boréal est un océan entouré de terres et la toundra est largement développée, le monde polaire austral est un continent entouré d'un océan et la toundra est limitée à quelques îles de superficie très réduite (Orcades du sud, Bouvet, Kerguelen) et à l'extrême pointe de la Terre de Feu.

Deux régions se partagent ce domaine : celles qui sont perpétuellement englacées, à la fois par des glaces continentales (les inlandsis) et par des glaces de mer (la banquise), et celles qui sont libres de glace (la toundra caractérisée par l'absence d'arbres).

❶ Les zones englacées

a – Les inlandsis

Ce sont les milieux les plus inhospitaliers du globe. Ce sont les deux grands pôles du froid, ils constituent les plus grandes réserves d'eau douce de la planète.

L'inlandsis du Groenland (1 800 000 km^2) recouvre plus de 80 % de l'île. L'épaisseur de glace atteint 3 000 mètres en son centre, l'épaisseur moyenne étant de l'ordre de 1 500 mètres. En forme de coupole surbaissée, il culmine vers 3 240 mètres. L'épaisseur de glace explique que sa topographie soit indépendante de celle du substratum : seuls quelques pics rocheux pointent à travers la glace, les nunataks. La roche est protégée par le gel permanent et l'absence de débris implique qu'il n'y ait pas de moraines au centre de l'inlandsis : la glace est « propre ».

L'Antarctique présente une toute autre ampleur (12,5 millions de km^2). C'est le continent le plus élevé du monde, avec une altitude moyenne de 2 300 mètres. L'inlandsis en recouvre 99 %, son épaisseur maximale est de 5 000 mètres pour une moyenne de 1 900 mètres. Ce dôme de glace culmine à plus de 4 000 mètres d'altitude. Son poids a fortement déprimé le substrat rocheux (jusqu'à 2 500 mètres sous la surface de l'océan). Les plus hauts sommets émergent de la calotte de glace, comme le mont Vinson point culminant à 4 892 mètres. Ce dôme est séparé en deux par la chaîne montagneuse des Monts Transantarctiques, d'orientation approximative nord-sud. La partie occidentale est prolongée par la péninsule antarctique. On a découvert récemment l'existence de lacs sous-glaciaires : il y en a plus de 70.

L'Antarctique se prolonge par d'immenses plateformes de glace (dites ice-shelves), dont les surfaces cumulées dépassent 1,5 millions de km^2. Elles s'étalent et flottent sur l'océan Austral. Les trois plus importantes sont celles d'Amery, de Filchner et de Ross. Elles se terminent par de hautes falaises de glace appelées « barrières », dominant l'océan de plus de 100 mètres. En avançant sur l'océan, les ice-shelves se fragmentent en blocs, en icebergs tabulaires. De taille impressionnante (certains ont la superficie de la Corse), ils vont dériver dans le sens antihoraire durant des mois, parfois des années, et entourer le continent : c'est « l'allée des icebergs ».

Le froid permanent qui règne ici implique la grande sécheresse de l'atmosphère. Les précipitations, neigeuses, sont faibles (50 mm au centre) et la neige est une fine poudreuse sèche. Les deux inlandsis sont surmontés par un anticyclone pelliculaire qui assure, au centre, une relative stabilité de l'atmosphère. Leur périphérie est très différente, le climat plus différencié, les précipitations plus abondantes et les vents issus du centre de la calotte sont très violents. Les blizzards catabatiques atteignent plus de 300 km/h. Les vents jouent un rôle morphologique important, creusant la glace de crevasses, les « sastrugis ». La pente s'accélérant, la vitesse d'écoulement de la glace s'accroît et dessine des langues glaciaires qui passent dans les vallées des montagnes groenlandaises pour se jeter dans la mer. De gigantesques icebergs s'en détachent. Le photopériodisme très particulier, six mois de jour et six mois de nuit au pôle, a d'importantes conséquences sur la vie.

b – Les glaces de mer

La glace de mer forme la banquise. Le point de congélation est atteint lorsque la température de l'eau de mer est comprise entre - 1,8 °C et - 2,2 °C, en fonction de la salinité. La prise en glace de la mer est lente et passe par différents stades, depuis la bouillie de cristaux jusqu'aux blocs de glace qui se rejoignent et forment une pellicule continue de deux à trois mètres d'épaisseur, le pack. La formation de la glace rejette au fur et à mesure la saumure, qui accroît la densité des eaux non gelées – facteur capital pour la genèse des « sources d'eau froide » (voir première partie, chapitre II).

La banquise permanente occupe 25 % de l'océan arctique. C'est un conglomérat de blocs de vieille glace ressoudés chaque hiver par le gel et dont la surface est très accidentée. Elle est épaisse de trois mètres l'hiver et de un mètre l'été. Les amoncellements de blocs de glace, nommés crêtes de pression, peuvent atteindre une épaisseur vingt mètres. Cette banquise dérive sous l'action des courants, des vents et de la rotation de la Terre. Elle est parcourue de secteurs libres de glace, permanents ou temporaires, les polynies. Ce sont des lieux de très forte productivité biologique. En hiver, la banquise côtière, plus mince et formée à partir de la côte, se soude au pack. Depuis 25 ans, la surface moyenne de la banquise au pôle Nord se réduit d'année en année. En 2005, la superficie était inférieure de 25 % à celle de 1980. C'est un des arguments majeurs pour la théorie du réchauffement de la planète.

Chaque hiver, l'océan autour de l'Antarctique gèle. Au maximum d'extension, en septembre, la surface de la banquise peut atteindre 20 millions de km^2, ce qui double la surface englacée de l'hémisphère sud.

c – La vie dans les domaines froids

Le centre de l'inlandsis antarctique est dénué de toute vie à cause des conditions trop hostiles, et ce n'est que sur sa bordure maritime que l'on trouve des biotopes plus favorables. La part de terre non gelée étant infime, la vie n'y est guère développée, hormis quelques lichens et mousses qui colonisent les rares rochers déglacés. Il n'y a pas d'herbivores, donc pas de carnivores. La vie est essentiellement marine ou aérienne : les eaux sont très riches en phytoplancton et en zooplancton qui constituent la base de l'alimentation du krill, la nourriture des poissons, baleines, phoques, des oiseaux de mer, etc. Les léopards de mer et les orques sont les prédateurs qui forment le sommet de la chaîne alimentaire. Les adaptations au froid sont nombreuses : fourrure, graisse, plumage épais et imperméable. Les oiseaux de mer émigrent et certains parcourent des distances considérables, comme la sterne qui passe l'été austral en Antarctique et l'été boréal en Arctique.

La vie dans l'Arctique est plus diversifiée parce que les températures sont un peu moins basses, les terres déglacées un peu plus importantes et que la région ne connaît pas l'isolement de l'Antarctique. Les régions littorales sont libres de neige deux mois d'été, et si le gel est permanent en profondeur (le permafrost), la partie supérieure dégèle sur une trentaine de centimètres. Il existe ainsi des sols bruts qui permettent le développement d'une végétation clairsemée, « prairie » très espacée permettant la présence d'herbivores (rennes, caribous) qui migrent en hiver vers les régions plus chaudes au sud. La vie marine est importante, les eaux froides étant très riches en oligoéléments. Cette plus grande richesse de l'Arctique explique que, contrairement à l'Antarctique, des groupes humains, les eskimos, aient pu y vivre. Les deux régions accueillent aussi des peuplements temporaires de scientifiques et de militaires, mais leur vie est complètement artificielle et extrêmement coûteuse.

❷ Les régions libres de glace : les toundras circumpolaires

Les toundras circumpolaires correspondent à un domaine continental dans l'hémisphère boréal, alors que dans l'hémisphère austral, à de rares et petites exceptions près, le domaine froid est entièrement maritime : il est balayé par les grands vents d'ouest (50e et 60e rugissants) et parcouru par le plus puissant courant marin de l'océan mondial.

La toundra boréale couvre l'Alaska méridionale, le Nord canadien, la baie d'Hudson, la Scandinavie septentrionale et le nord de la Sibérie. Ce vaste ensemble, bien que disparate, offre des conditions assez homogènes.

a – Les particularités des domaines de la toundra

Si les températures sont moins froides que pour le domaine polaire, elles peuvent être très basses, en particulier dans les domaines à tendance continentale comme la Sibérie. Surtout, aucun mois n'atteint une température moyenne de 10 °C, ce qui exclue l'arbre de ce biome. Situées au-delà ou très proches du cercle polaire, ces régions sont soumises à un photopériodisme original qui marque les rythmes végétatifs. Les hivers sont longs et connaissent plusieurs semaines de nuits continues, alors que l'été, court, connaît plusieurs semaines de jours continus. Si les températures peuvent dépasser les 10 °C, le retour du froid est fréquent la nuit. Les alternances gel/dégel sont donc très nombreuses et leur rôle morphogénétique est important. La limite des neiges éternelles n'est guère éloignée du niveau de la mer, où les glaciers aboutissent en cédant d'importants icebergs (on dit que les glaciers vêlent).

Tout ce domaine a été, lors du Pléistocène, envahi par les glaciers et leur fonte est très récente. Aussi les héritages glaciaires sont-ils très présents, comme l'attestent les très nombreux fjords, lacs et accumulations de moraines qui dessinent de longues collines surbaissées (les drumlins, les oesar). Le réseau hydrographique a été totalement désorganisé et dessine des coudes, des changements brutaux d'orientation. Les marécages sont nombreux, les substrats étant recouverts par l'argile de la farine glaciaire. C'est un paysage du flou, de l'indécis, où domine l'élément liquide.

La marque la plus prégnante de cet héritage est le permafrost : sous-sol gelé en permanence sur de grandes épaisseurs (plusieurs centaines de mètres au nord, quelques dizaines de mètres au sud). Au printemps et en été, la partie superficielle du sol dégèle sur 1 mètre environ et se transforme en une boue liquide, le mollisol.

b – Les processus actuels

C'est le froid qui commande les processus qui interviennent de façon sporadique et brève dès le début du dégel. Les actions mécaniques l'emportent, et avant tout la gélifraction. Les actions sont différentes selon le domaine considéré.

Les régions où la continentalité est forte, telles les rives de la baie d'Hudson ou de la Sibérie centrale, connaissent des froids prolongés très sévères. Les précipitations sont rares, la couverture de neige peu épaisse est peu protectrice et le rayonnement est intense. Aussi les alternances gel/dégel sont-elles peu fréquentes, l'intensité du gel entraînant une fracturation profonde de la roche qui est débitée en gros blocs. Les pentes sont réglées, c'est-à-dire que le versant présente un profil rectiligne dont l'inclinaison est déterminée par la granulométrie des blocs.

En domaine océanique, comme par exemple en Islande, le climat est beaucoup plus humide, la nébulosité est forte, les températures sont plus tièdes et l'amplitude thermique beaucoup plus faible. Le cas extrême est celui des îles australes (Kerguelen) où le temps est constamment humide, frais et très venteux avec plus de cent jours de gélivation (températures moyenne de + 4° en été, - 2° en hiver et des précipitations mensuelles de l'ordre de 100 mm). L'alternance gel/dégel est très fréquente (provoquant la gélifraction islandaise) : les fragments de roche produits sont plus petits. Sur les pentes raides se forment ainsi des cônes d'éboulis importants, remaniés par le ruissellement de l'été. Les avalanches sont nombreuses et ravinent les versants. La présence en profondeur d'une couche gelée en permanence favorise la gélifluxion[1] : si les glissements sont lents, ils modèlent fortement les versants.

Un des processus les plus originaux est celui de la cryoturbation : la partie du sol qui dégèle est affectée de mouvements de brassage qui trient les matériaux, séparant plus ou moins les éléments fins des éléments grossiers. Ce processus est à l'origine des sols striés, des sols polygonaux et des cercles de pierre que l'on observe dans toutes les régions de toundra.

Le froid est favorable à la dissolution des roches calcaires (il peut contenir un fort volume de dioxyde de carbone) mais les processus de karstification sont vite bloqués. D'une part la période active est brève, et d'autre part le karst ne se développe pas en profondeur, car il est rapidement stoppé par le pergélisol.

La présence de glace dans le sol crée de formes originales. Les pingos sont des buttes à cœur de glace pouvant dépasser la dizaine de mètres de haut pour une largeur de quelques centaines de mètres. La croissance du pingo finit par faire éclater la

1. Processus de déplacement des matériaux sur une pente dont la base est gelée (pergélisol). La fonte estivale au sein de la couche active (mollisol) entraîne une saturation du sol en eau et le fluage. La gélifluxion correspond à une solifluxion en milieu périglaciaire.

couverture de terre et de végétation. La glace mise à jour fond alors rapidement pour se transformer en étang.

L'ensemble de ces processus ne permet guère de dégager de formes vives : les versants sont empâtés par la solifluxion, les versants montagneux sont ennoyés sous les éboulis et les fleuves ont une action limitée par la durée du gel. Leurs débits, très importants lors de la débâcle[1], leur confèrent une forte capacité érosive. Les lits des cours d'eau sont larges, le plus souvent en tresse[2] et profondément remaniés chaque année. Les plus grands fleuves sont allogènes (la Lena en Sibérie ou le Yukon au Canada), leurs hautes eaux sont majestueuses et ils construisent de gigantesques deltas.

c – La vie dans les toundras

La toundra est une formation végétale à strate basse et ouverte. Le sol apparaît souvent entre les touffes, de plus en plus rares à mesure que l'on se rapproche des zones englacées. La moyenne du mois le plus chaud n'atteint pas 10 °C, aussi l'arbre est-il absent. Contrairement aux régions polaires, le monde de la toundra a des sols. Le froid ralentit l'activité des micro-organismes et la litière se dégrade lentement, il s'agit donc de lithosol. Dans les régions mal drainées, les sols tourbeux sont nombreux. La forte acidité limite le développement de la végétation.

Comme ces régions ont été déglacées tardivement, le cortège floristique est pauvre : on compte environ 200 à 250 espèces, toutes holarctiques[3]. Les plantes de la toundra (lichens, mousses, graminées) présentent de nombreuses adaptations à ces conditions rigoureuses. Les ports rampants dominent, en boule ou en coussinet, permettant de profiter des microclimats qui règnent au ras du sol. Les rameaux sont ligneux, les feuilles petites, coriaces

1. Débâcle : désigne le dégel des fleuves lors de la fonte printanière. Entraînant une montée brutale des eaux, elle produit souvent un embâcle : barrage du cours d'eau par amoncellement de débris et troncs d'arbres dans un passage resserré du fleuve.
2. Lits en tresse : où l'écoulement se divise en de nombreux chenaux secondaires dont le tracé est très instable.
3. Holarctique : se dit des plantes ou animaux habitant tout l'hémisphère nord.

et hérissées de poils qui empêchent le dessèchement provoqué par l'évaporation.

Trois biomes se partagent cet espace du nord au sud :

– la toundra pierreuse, la plus septentrionale, formation ouverte où mousses et lichens forment la majorité du peuplement ;

– la toundra buissonnante, avec une strate basse de bruyères, d'airelles, un tapis de mousses et de lichens, et quelques arbustes rabougris, bouleaux, rhododendrons ;

– et enfin une toundra mosaïque, où les dépressions marécageuses sont nombreuses et où les tourbières occupent une place considérable.

De nombreux oiseaux, ainsi que certains animaux, passent l'été dans la toundra et migrent à l'automne. La faune est très bien adaptée à ces conditions de vie. Elle porte le plus souvent une fourrure ou un plumage épais et blanc en hiver, ainsi qu'une grosse couche de graisse pour se protéger du froid, du vent et de la glace. Le harfang des neiges et le tétra sont des oiseaux sédentaires qui réussissent à résister aux conditions climatiques. Ils se nourrissent de rongeurs comme les lemmings. Les herbivores fréquentent la toundra durant l'été, tels l'élan, le caribou en Amérique du Nord, les rennes en Eurasie. Ils sont suivis par les carnivores : l'ours, le loup et le renard polaire. Pendant du court été boréal, les insectes pullulent, comme les moustiques redoutables pour l'homme.

L'environnement de la toundra ne permet que l'implantation de sociétés humaines peu nombreuses et aux conditions de vie spartiates. Les obstacles à l'activité humaine moderne sont multiples et entraînent des dépenses considérables. Le permafrost et son dégel en surface posent des problèmes redoutables aux infrastructures industrielles et urbaines. Le milieu est d'une grande fragilité et les dégâts causés par l'homme sont le plus souvent irréparables.

Conclusion

Ces milieux si peu hospitaliers revêtent une importance considérable pour la vie sur Terre. Réserve essentielle d'eau douce de la planète, ils exercent une influence majeure sur le climat. Le recul des surfaces de neige et de glace est à la fois la conséquence et la cause du réchauffement climatique. La diminution du permafrost (environ 10 % de sa surface) libère des quantités considérables d'eau, qui modifient les paysages en multipliant les lacs et les zones marécageuses, dont certaines dégagent des gaz à effet de serre qui participeraient du réchauffement climatique global. Une fonte accélérée de l'inlandsis groenlandais pourrait provoquer un ralentissement du Gulf Stream, par l'apport massif d'eau douce à l'océan, et serait une cause probable d'un refroidissement du climat européen.

Bibliographie

GODARD Alain, ANDRÉ Marie-Françoise, *Les Milieux polaires*, Paris, Armand Colin, 1999.

V. La zone tempérée

La zone tempérée occupe, dans chaque hémisphère, l'espace compris entre le tropique et le cercle polaire, soit 25 % de la surface du globe. Les continents sont largement représentés dans l'hémisphère boréal, alors que l'océan règne sans partage dans l'hémisphère sud.

Située entre le monde polaire et le monde tropical, la zone tempérée subit, sur ses marges, les influences de l'un et de l'autre tant pour le climat que pour les modelés. L'océan, qui occupe plus des trois quarts du monde tempéré austral, est soumis aux grands vents d'ouest, dont la violence s'accroît en allant vers le sud (les 40e rugissants et les 50e hurlants).

Les sociétés humaines les plus anciennes se sont développées dans la zone tempérée. C'est là qu'est née et s'est épanouie la civilisation industrielle. Aussi les paysages reflètent-ils plus souvent l'action de l'homme que celle de la « nature ».

1 Unité et diversité de la zone tempérée

a – Les éléments d'unité

L'inégalité des jours et de nuits est la règle (longues nuits d'hiver, longues journées d'été). Elle influence fortement le bilan radiatif, ce qui est essentiel pour la biosphère.

Les températures rythment les saisons, l'amplitude thermique annuelle est très supérieure à l'amplitude diurne. Le flux d'ouest domine et les types de temps sont très changeants, même si au cœur des continents ils sont d'une grande stabilité.

Les héritages (surtout du Pléistocène mais pas seulement) sont essentiels dans les paysages qui sont souvent un « musée de formes anciennes ». Sauf sur les marges du domaine, la morphogénèse actuelle, très ralentie, se traduit par de faibles retouches des modelés préexistants.

L'ancienneté des défrichements, des façons culturales qui remontent à l'Antiquité pour la partie européenne et une partie de l'Asie tempérée, l'ampleur des moyens techniques mis en œuvre en Amérique font que la couverture végétale est essentiellement artificielle (sauf pour la forêt boréale). Le régime des fleuves a été profondément modifié par de gigantesques ouvrages hydrauliques.

b – La diversité de la zone

La taille des continents dans l'hémisphère boréal favorise une grande diversité d'ambiances climatiques[1]. À latitude égale, on observe de grands écarts thermiques entre la façade orientale (plus froide) et la façade occidentale (plus chaude). L'écart est maximal pour les rives de l'Atlantique : + 4 °C. Les icebergs issus de l'Arctique ne dépassent pas 73° N sur la façade européenne alors qu'ils peuvent atteindre les eaux newyorkaises (40° 43'N), soit un écart de près de 4 000 km d'une façade à l'autre.

L'Europe est longée par la dérive nord atlantique qui amène des eaux plus chaudes, alors que la côte américaine est bordée par le courant froid du Labrador. Pour le Pacifique, le Kouro Shivo (courant chaud) joue le même rôle en plus limité, car il ne dépasse pas le 60° N (voir première partie, chapitre II).

La disposition des reliefs (méridienne pour le continent américain, zonale pour le continent eurasiatique) oppose deux ensembles : l'un où l'influence océanique est des plus réduites, l'autre où elle se développe largement.

1. Pour l'analyse détaillée tant des climats que de la biosphère, se reporter au chapitre IV de la première partie et à la troisième partie. La diagonale aride étudiée au précédent chapitre ne sera pas évoquée ici.

❷ Les grands domaines de la zone tempérée

En Eurasie, ensemble continental le plus étendu, cinq biomes se partagent l'espace du nord au sud : la forêt boréale, la forêt mixte, la forêt sclérophylle méditerranéenne, la prairie/steppe et la végétation des semi-déserts[1].

a – La forêt boréale

La forêt boréale n'existe que dans l'hémisphère nord. Elle sépare la toundra au nord de la forêt mixte et/ou de la prairie au sud. C'est le biome le plus vaste du globe, étendu à la fois sur le Canada (du pied des Rocheuses au golfe du Saint-Laurent) et l'Eurasie (des montagnes de Norvège au Pacifique). Il y a trois ambiances climatiques : climat océanisé (Alaska, Islande, Norvège), continental (Centre du Canada, Sibérie occidentale) et hyper continental (Sibérie centrale et orientale). Le passage de l'un à l'autre se marque par la diminution des précipitations (de 1 500 mm à moins de 500 mm), la diminution de l'épaisseur du manteau neigeux, l'ampleur croissante des amplitudes thermiques et l'allongement de la longueur de l'hiver et de sa rigueur.

En Eurasie cette forêt est appelée taïga, et en Amérique forêt hudsonienne. La taïga est la plus vaste, elle s'étend sur plus de 10 000 km d'est en ouest et près de 1 500 km du nord au sud. La monotonie est sa caractéristique dominante, avec une structure très simple : une strate haute de 15 à 20 mètres et une strate basse où dominent les lichens et les mousses. Les tourbières, occupées par les sphaignes, renforcent l'aspect maladif de cette forêt (région de l'Ob sibérien, domaine de la taïga noire). Les sols sont des podzols peu épais et sont gelés une grande partie de l'année. Dans les parties orientales les plus froides, le pergélisol[2] est permanent, seule la partie superficielle (le mollisol) dégèle pendant l'été.

1. La végétation de la diagonale aride a été étudiée au chapitre précédent.
2. Pergélisol : portion de sol gelée en permanence pendant au moins deux ans de suite, dont l'épaisseur peut aller de quelques mètres à une centaine de mètres.

La forêt hudsonienne se développe sur 4 000 km d'est en ouest et 800 km du nord au sud. Les conditions climatiques sont toujours sévères, mais un peu moins dures que dans la taïga orientale. Les sols sont des podzols jeunes (retrait récent de l'inlandsis pléistocène). Le cortège floristique est également pauvre : les conifères dominent largement (épinette blanche et noire). Les arbres ne dépassent guère une quinzaine de mètres de hauteur. Moins sombre que la taïga, cette forêt comprend une strate arbustive plus riche (airelles, framboisiers).

Partout la forêt boréale repose sur de vieux socles précambriens, où les immenses espaces plats dominent, hormis les bordures relevées à plus de 2 000 m (voir chapitre II de la deuxième partie). Les héritages Pléistocènes très importants permettent de distinguer trois domaines.

Premièrement, les régions ayant été recouvertes par les inlandsis. Aujourd'hui déglacées, elles connaissent un important relèvement isostatique (à l'exemple de la Scandinavie). Les vallées creusées par les glaciers ont été envahies par la mer lors de leur recul, donnant des fjords très profonds (Norvège, Écosse, Alaska, Chili, île sud de la Nouvelle-Zélande). Les multiples contrepentes dues à l'érosion sous-glaciaire sont responsables d'innombrables lacs (plus de 30 000 au Canada). Les limites méridionales atteintes par les calottes glaciaires du Pléistocène sont jalonnées par des lacs aux dimensions imposantes (les grands lacs d'Amérique du Nord ont une superficie de 240 000 km²). Les accumulations glaciaires parsèment ces surfaces (drumlins, oesar[1]) : ainsi dans le nord de la grande plaine germano-polonaise.

Deuxièmement, les régions ayant connu une érosion glaciaire peu étendue, mais une forte érosion périglaciaire et le développement d'un important permafrost[2] (Canada et Russie jusqu'à la Sibérie occidentale).

Seule la partie supérieure dégèle en été (sur moins d'un mètre) : c'est la couche active ou mollisol.

1. Drumlin : colline de forme ovoïde composée de matériaux morainiques avec parfois un cœur rocheux ; os (pluriel oesar) : colline formée d'alluvions sous-glaciaires.
2. Permafrost, pergélisol et merzlota sont trois noms pour désigner un sous-sol gelé en permanence pendant au moins deux ans. Son épaisseur est très variable.

Troisièmement, les régions n'ayant pas connu d'érosion glaciaire mais des actions périglaciaires très fortes et la mise en place ancienne d'un permafrost très épais (parfois plusieurs centaines de mètres d'épaisseur), aujourd'hui largement hérité.

La morphogénèse actuelle remanie plus ou moins profondément ces héritages. L'érosion mécanique dominante ne s'exerce que pendant les périodes de dégel. En effet, le froid profond de l'hiver gèle les fleuves et rivières « à cœur » et la glace recouvre les roches d'une carapace protectrice. C'est donc durant le court printemps et l'été que s'effectue la morphogénèse. Au début du dégel (raspoutitsa russe), la glace superficielle fond, le sol se transforme en boue, toute circulation devient impossible et la solifluxion empâte les versants. Les lentilles de glace localisées à faible profondeur fondent, ce qui soit crée des cuvettes transformées en marécages, soit déforme la topographie du sol, fragilisant les arbres qui penchent de tous côtés en donnant à la forêt un aspect irréel, celle de « la forêt ivre » des auteurs classiques. La cryoclastie est active et les débris de roche importants. C'est à l'origine des versants réglés (pente rectiligne avec granoclassement) et d'une importante charge des fleuves qui, grossis par les eaux de fonte, ont une forte action érosive latérale (éboulement des berges). Aussi le lit majeur des fleuves est-il très large (20 km pour l'Ob) ; leur tracé longiligne est en tresse.

Le régime des fleuves impressionne par sa simplicité et son ampleur. La débâcle entraîne de gigantesques inondations (souvent liées aux embâcles). Les fleuves très chargés construisent d'énormes deltas (celui de la Lena s'avance de 100 km en mer).

L'ensemble de ce domaine offre des ressources difficilement exploitables. Seule l'exploitation du bois (qui devient un problème à cause de défrichements trop importants) et d'exceptionnelles richesses minières fixent les activités humaines, souvent sous la forme de fronts pionniers. Dans ce domaine fragile, toute mise en valeur se traduit par un déclenchement de l'érosion et des ruines irréparables. La fonte partielle du pergélisol, à la fois conséquence et cause du réchauffement climatique, devient un sujet de préoccupation. Sa disparition libère d'importantes quantités de dioxyde de carbone.

b – Les façades occidentales

• Les façades limitées par de hautes montagnes

Il s'agit de la façade américaine et de celle de l'île sud de la Nouvelle-Zélande. Elles forment une mince frange littorale appuyée à une forte barrière orographique : les Rocheuses au nord, les Andes au sud et les Alpes néozélandaises de l'île sud. Le climat est océanique, frais, et les précipitations, accrues par l'obstacle montagneux, dépassent 2 000 mm et sont abondantes en toutes saisons : les chutes de neige sont importantes. Le temps est très variable, faisant alterner en hiver coups de froid et redoux.

La flore exceptionnelle de ces régions en fait toute l'originalité. C'est le domaine de la pluvisilve, forêt dense peuplée d'arbres géants. Elle est composée exclusivement de conifères en Amérique du Nord, avec les sapins douglas au nord des Rocheuses, plus au sud les séquoias qui sont les plus grands arbres du monde. Certains dépassent 100 mètres de haut pour une circonférence de plus de 8 mètres. Les sols sont pauvres, car le lessivage est intense et les conifères favorisent l'acidité. Dans l'hémisphère austral se développe une forêt mixte qui comprend une essence particulière présente uniquement au Chili et Nouvelle-Zélande : le nothofagus, espèce de hêtre dont la hauteur est comparable à celle des séquoias.

Tout le domaine est marqué par une très forte empreinte glaciaire (multiples fjords). La variabilité des types de temps, l'alternance des périodes froides et des redoux favorisent de lourdes avalanches dévastatrices, surtout sur la façade nord-américaine. L'importance de la fraîcheur et de l'humidité limite l'érosion chimique : l'érosion mécanique, en particulier la cryoclastie, est la plus importante. Cependant la densité de la couverture végétale ralentit fortement la morphogénèse actuelle.

• La façade occidentale largement ouverte sur la mer : l'Eurasie

Les paysages sont marqués par quatre facteurs : les ambiances climatiques, la structure géologique, les héritages paléoclimatiques et l'action anthropique.

L'Eurasie est largement ouverte sur l'océan. Les reliefs modestes ne s'opposent pas aux influences océaniques, qui s'effacent progressivement à mesure qu'on s'éloigne du littoral : du climat océanique, on passe à un climat de transition océanique dégradé (remarquable exception européenne) et, hormis les zones d'abri, le climat continental n'apparaît qu'à partir des plaines polonaises.

Le monde alpin borde au sud ce vaste ensemble où se déroulent les horizons plats de la grande plaine du nord, appuyée aux massifs anciens qui enserrent les bassins sédimentaires. Les seuls reliefs sont ceux de buttes surbaissées, témoins de l'avancée de plateaux qui se relèvent en reliefs dissymétriques sur les bordures, formant des *cuestas*. Les massifs anciens sont parfois surmontés de reliefs volcaniques (Massif central, Eifel), ou de crêtes appalachiennes (massif armoricain ou ardennais).

Les modelés proviennent d'héritages multiples.

Les modelés de marge glaciaire s'imposent dans le nord de l'Angleterre et dans la grande plaine européenne : drumlins et oesar au Nord, alignements confus de collines surbaissées, désorganisant le drainage de la plaine balte, multipliant les dépressions tourbeuses. Des vallums morainiques[1] forment les hauteurs du sud de l'Allemagne orientale et de la Pologne.

Les terrasses alluviales qui accompagnent le cours des grands fleuves (Rhin, Seine, etc.) sont la marque des changements climatiques du Quaternaire. Lors des périodes froides, l'érosion périglaciaire fournissait aux fleuves quantité de débris qu'ils ne pouvaient transporter et qu'ils déposaient. Lors des périodes plus chaudes des interglaciaires, les cours d'eau étaient moins chargés et plus alimentés, ils retrouvaient leur capacité érosive et

1. Moraines frontales de forme dissymétrique (pente interne forte et externe douce).

s'enfonçaient dans l'accumulation précédente, formant ainsi une terrasse. C'est de ces périodes périglaciaires que date l'ampleur des vallées actuelles.

Les fleuves qui coulaient du nord au sud étaient bloqués par le front de l'inlandsis et leurs tracés étaient orienté est-ouest. Le recul de l'inlandsis a libéré l'accès à la mer et le tracé des fleuves s'est brusquement infléchi dans le sens de la plus grande pente (ceci est à l'origine des coudes des fleuves tels l'Oder, la Vistule, etc.).

Les lœss sont des dépôts de déflation de matériaux fins riches en carbonates prélevés sur les plaines d'épandage et localisés sur les marges méridionales des grandes calottes glaciaires (cas de la Manche et de la mer du Nord, exondées à l'époque).

Aujourd'hui la dégradation spécifique[1] est l'une des plus faibles du monde, les modelés anciens sont à peine retouchés et marquent par leur fraîcheur. Les conditions climatiques ne sont jamais trop sévères, ce qui se traduit par une pédogénèse modérée : les sols sont de teinte brune et les mull[2] sont nombreux. En domaine humide océanique, le lessivage entraîne la podzolisation ou des sols bruns lessivés selon l'acidité du substrat.

Les conditions sont dans l'ensemble très favorables à la forêt. La flore est pauvre : lors des épisodes froids du Pléistocène, la barrière de la chaîne alpine a fait obstacle aux plantes qui fuyaient le froid et sont mortes sur place, interdisant toute reconquête. Les caducifoliés, de taille modeste, dominent. Deux variétés s'imposent selon les ambiances climatiques et les conditions édaphiques :

– la *hêtraie* en domaine humide, formation fermée très ombreuse où le sous-bois est très pauvre ;

– la *chênaie*, plus ubiquiste, tolère plus facilement des régions plus sèches. Essence de lumière, le chêne permet un sous-bois plus riche comprenant une strate buissonnante et une strate herbeuse.

Les massifs forestiers existants sont ceux que l'homme a laissés sur des terres jugées insuffisamment riches. Tout le

1. La dégradation spécifique est la perte de substance d'un versant par n = unité de surface, exprimée en tonnes par km^2 de bassin.
2. Mull : humus peu acide et où dominent les bases.

paysage a été modelé par l'action humaine. La mise en culture a été quasiment totale et les forêts sont entièrement maîtrisées par les hommes. Très souvent, des conifères ont été introduits par l'homme, appauvrissant le sol.

c – La bordure méridionale des façades occidentales : le monde méditerranéen

Le climat qui baigne les rives de la Méditerranée est unique au monde par la dualité qu'il offre : été sec et chaud, hiver tiède et humide. La Méditerranée pénètre profondément le continent (3 860 km d'ouest en est) et unit, plus qu'elle ne sépare, le monde tempéré eurasiatique et le monde tropical africain. Cette extension zonale oppose un domaine occidental plus humide aux étés moins longs à un domaine oriental privé des influences atlantiques où les étés sont longs, la sécheresse sévère et les pluies faibles (400 mm).

La rive septentrionale de la Méditerranée est plus fraîche et connaît des coups de vents violents (mistral, tramontane). La rive méridionale est beaucoup plus sèche, les hivers beaucoup plus chauds et les vents venus du désert africain sont fréquents (sirocco de la Méditerranée moyenne, khamsin de la Méditerranée orientale). Pour l'ensemble du domaine, les précipitations se caractérisent par leur brièveté et leur caractère souvent orageux.

Par analogie, on a donné le nom de « méditerranéen » à des régions dans le monde offrant des caractères climatiques proches (Californie, Chili central, Province du Cap et Australe méridionale). Ce sont de minces liserés côtiers bloqués par de fortes barrières montagneuses. Les précipitations varient de 500 à 800 mm/an et la moyenne annuelle est comprise entre 14 °C et 18 °C. Les températures ne sont jamais excessives du fait de la présence de la mer et des remontées d'eaux froides (upwelling) qui entraînent la formation de brouillards fréquents.

La flore présente de nettes marques d'adaptation à la sécheresse (voir troisième partie). Les feuilles sont épaisses, vernissées, souvent ligneuses, les racines profondes ou largement étalées, ce qui implique des formations végétales ouvertes. Ces conditions sont celles de la forêt sclérophylle sempervirente, les espèces varient en fonction du substrat : chêne vert sur le calcaire, chêne liège sur le cristallin. Cette forêt a été dégradée par l'ampleur et l'ancienneté de l'occupation humaine : les feux de forêt, l'élevage d'ovins et caprins ont détruit une végétation fragile qui a été largement remplacée par des formations secondaires buissonnantes et basses : garrigue sur sol calcaire, maquis sur sol cristallin.

Le régime des fleuves traduit la dualité du climat : hautes eaux d'hiver (ou de printemps pour les zones montagneuses) et étiage très prononcé en été qui peut aller jusqu'à l'arrêt de l'écoulement pour les petits organismes. Il y a toujours un inféroflux important. La raideur des pentes de montagnes et la violence des averses entraînent des crues très brutales, souvent dangereuses pour l'homme. Les lits des fleuves sont très larges, encombrés des alluvions apportées par les crues et abandonnées lors des étiages.

Les paysages méditerranéens juxtaposent des modelés hérités tant du climat tropical que du périglaciaire :

– les marques du modelé tropical sont la présence de nombreux glacis en roches tendres, formations d'altérites riches en alumine et oxydes de fer donnant lieu à des gisements de bauxite (largement exploités) ;

– les traces des périodes froides sont les importants manteaux de débris nappant les versants et liés à la gélifraction (morphogénèse de type périglaciaire).

La morphogénèse actuelle, facilitée par la violence des averses sur des versants raides à couverture végétale ouverte, est active. Elle détruit partiellement les héritages. Les mouvements de masse sont importants dans les roches perméables dont la couverture végétale a été fortement dégradée par l'homme. Ceci entraîne la formation de « franes » (ravins profonds découpant les versants) en Italie du sud ou dans le rift marocain. La déforestation et les brulis pratiqués depuis des millénaires favorisent le ruissellement. La dissection est importante, tout particulièrement en roches tendres.

Région très attractive pour les touristes qui y cherchent la chaleur de l'été et la beauté des paysages, le monde méditerranéen connaît une forte charge démographique durant les mois d'été, alors que le milieu est particulièrement fragile. Les actions anthropiques sont multiples (des infrastructures touristiques aux activités agricoles) et laissent des traces durables, comme le montrent les incendies récurrents qui dévastent les forêts chaque année tant en Californie que sur le continent européen.

d – Le monde de la prairie et de la steppe

Steppe et prairie sont deux appellations pour un même biome : on parle de prairie dans le continent américain et de steppe en Russie. Formation végétale fermée qui exclut la forêt (mais où l'arbre peut être présent), elle s'épanouit dans les régions de climat continental aux saisons très contrastées. Des événements climatiques brutaux sont favorisés par l'affrontement des flux polaires et tropicaux dans ces espaces sans obstacle topographique majeur (encadré n° 21).

ENCADRÉ N° 21

Les tornades

Le climat continental d'Amérique du Nord se signale par sa brutalité, favorisée par l'absence de reliefs zonaux : en été, l'ensemble peut connaître de fortes influences tropicales alors que l'hiver des gouttes froides polaires atteignent la Floride. Ces contrastes de masses d'air sont responsables de « tornades » qui, si elles ne sont pas spécifiquement américaines, sont ici les plus nombreuses (une centaine par an) et les plus violentes. Elles naissent lors de très forts contrastes dans l'écoulement de l'air et dans la très forte teneur en vapeur d'eau. Cela correspond le plus souvent à la superposition d'un courant d'ouest sec et d'un flux très humide provenant du golfe du Mexique. Étroites (quelques centaines de mètres), elles se déplacent à très grande vitesse (jusqu'à 300 km/h) en détruisant tout sur leur passage.

Ce biome est plus étendu dans l'hémisphère boréal, même s'il est présent dans la pampa argentine et dans le Haut Veld d'Afrique du Sud. Il se développe sur des sols très riches (le fameux chernozem), et il est largement transformé par la mise en valeur agricole. En Russie comme en Amérique, ces terres sont des « greniers » agricoles et la végétation est totalement anthropisée.

La prairie d'Amérique du Nord recouvre de vastes reliefs tabulaires de 200 à 1 000 mètres s'étageant d'est en ouest, qui viennent buter au pied des contreforts des rocheuses. Les hauts plateaux, formés des débris arrachés aux Rocheuses, sont disséqués par les rivières issues de la montagne. Selon le substrat géologique, les reliefs sont ceux de *cuestas* dissymétriques ou bien de mesas volcaniques. Le fait glaciaire s'impose partout avec l'important dépôt de lœss et limons qui masque le soubassement. Plus au sud s'amorce le système des plaines alluviales du Missisipi et de ses affluents.

La pampa argentine offre un relief assez semblable où la platitude est encore plus marquée et le manteau de lœss plus continu.

La prairie eurasiatique présente un relief plus morcelé : bassins drainés par le réseau du Danube à travers l'arc carpatique, plateaux de Moldavie et de la Volga. L'environnement méridional est fait de dépressions (mer d'Aral) et de hautes montagnes : Pamir, Tian Chan. Les horizons plats des vallées et plateaux sont recouverts d'un important dépôt de lœss et limons qui feutre les soubassements. Le poids des héritages Quaternaires est important.

La morphogénèse actuelle est largement favorisée par l'action anthropique. Elle est le résultat de deux actions érosives fortes : le ravinement et la déflation éolienne.

Le ravinement est le fait de l'érosion linéaire, due au ruissellement qui est guidé largement par les atteintes de l'homme au tapis végétal (infrastructures diverses, pâturages excessifs), atteintes qui sont les amorces des incisions guidant le ruissellement concentré. Cela s'observe même sur de faibles pentes, tant dans la prairie américaine et dans la pampa argentine qu'en Russie. La surface du sol est entaillée par des ravines aux flancs raides profondes d'une dizaine de mètres, appelées « ovraghi » en Ukraine.

La déflation (matériaux fins enlevés par le vent) est facilitée par la mise en culture de ces vastes espaces, et les modifications de la structure des sols résultent des labours (pratique du *dry farming*[1]) qui ont émietté le sol, favorisant son érosion. C'est le « Dust Bowl » américain. Il a suffi de trois années sèches au début des années 1930 pour que des millions d'hectares de terre aient été enlevés par les vents descendant des Rocheuses. Ce phénomène de déflation s'exerce dans la pampa argentine et dans la steppe russe. Cependant, même si durant ces périodes de déflation les rivières connaissent une charge de turbidité importante, la dégradation spécifique reste minime car le débit de ces rivières est relativement faible. Ce vaste ensemble butte à l'est sur un domaine aux caractéristiques originales et très homogènes, marquées par la richesse floristique du biome qui occupe les façades orientales.

e – Les façades orientales

Bien que très développées en latitude (de la taïga au tropique), elles présentent de forts caractères d'unités. En effet, ces façades sont allongées sur près de 3 000 km du Kamtchatka à la Chine méridionale en Eurasie, et de l'embouchure du Saint-Laurent à celui du Missisipi en Amérique du Nord. Hormis la façade orientale de l'Amérique du Sud (sud-est brésilien et pays de la Plata), elles n'occupent que peu de place dans l'hémisphère austral (côte est d'Australie et île nord de la Nouvelle-Zélande).

Elles se distinguent avant tout par une opulence des formations végétales qui masque largement les influences de la latitude. Ici, point de barrière montagneuse pour s'opposer au va-et-vient de la flore en fonction des variations climatiques du Quaternaire, ce qui explique une richesse floristique inconnue des façades occidentales.

Les hivers affichent de nets contrastes : soit neigeux et rudes (Canada), soit secs mais tout aussi froids (plaine des grands lacs en Amérique, plaine du nord de la Chine), soit humides aux latitudes plus méridionales. Les étés font la cohésion de cet ensemble. Ils sont chauds et humides du fait de l'entrée d'air maritime tropical de type mousson (Corée, sud du Japon, Chine

1. Pratique de labours fréquents pour émietter la terre et pouvoir utiliser l'eau hygroscopique. La terre ainsi laissée à nue est très sensible à l'érosion éolienne.

méridionale). Les littoraux méridionaux sont affectés chaque année par les cyclones tropicaux.

De nombreux modelés montrent les influences tropicales passées : épaisseur des altérites de type tropical humide dans le monde granitique (piedmont des Appalaches), inselbergs dominant de vieux pédiments disséqués et masqués par la végétation en Chine et Corée du Sud ou encore au Japon. Dans les pays calcaires, les formes karstiques de la Chine du Sud (kegelkarst) et les vastes dolines remplies d'eau de Floride témoignent de ces héritages de climats tropicaux.

Les dépôts de lœss de la Chine du Nord (disposés sur le cours supérieur et moyen du Huang He) sont l'héritage de la déflation subie par les déserts d'Asie centrale due aux vents de périodes plus sèches.

La morphogénèse actuelle est beaucoup plus active que celle des façades occidentales. Elle attaque les formes héritées, les manteaux d'altérite étant disséqués par le ruissellement (la Tennessee Valley dans le sud des Appalaches). Les pentes très fortes des piedmonts montagneux au Japon et en Nouvelle-Zélande évoluent par solifluction[1] et glissements de terrains. L'action la plus importante est liée à l'érosion anthropique. L'ampleur des défrichements (en Chine méridionale et du centre) et l'intensité de la mise en culture des régions de lœss ont favorisé une forte érosion linéaire et l'apparition de profondes ravines.

Conclusion

La zone tempérée porte bien mal son nom. Le climat s'y montre souvent brutal (les hivers continentaux, les sécheresses méditerranéennes), les paysages portent les traces vives des actions anthropiques mais aussi celles d'une érosion liée à la violence des accidents climatiques. Cette zone n'est pas épargnée par les séismes et les éruptions volcaniques. Elle est marquée par une grande unité. C'est l'ampleur de l'action humaine,

1. Solifluction : mouvements de matériaux rendus fluides par l'abondance d'eau infiltrée.

ancienne dans le cas eurasiatique, qui modèle les paysages d'aujourd'hui : la plupart sont donc des artefacts. Zone de transition, elle annonce la rigueur du monde polaire sur sa frange septentrionale alors que sa frange méridionale (quelle qu'en soit l'ampleur) annonce le monde tropical que nous allons maintenant étudier.

Bibliographie

ROUGERIE Gabriel, *Géographie des paysages*, Paris, Puf, « Que sais-je ? », 1969.

VIERS Georges, *Géographie zonale des régions froides et tempérées*, Paris, Fernand Nathan, 1970.

VI. Le domaine tropical

Baigner dans une ambiance d'humidité, c'est être dans le monde tropical ! Trois critères climatiques précisent l'originalité de ce vaste ensemble :

– l'absence d'un hiver thermique ; la température moyenne mensuelle minimale est selon les auteurs de 18 ou 20 °C ;

– l'amplitude thermique diurne est toujours supérieure à l'amplitude thermique annuelle ;

– les précipitations sont toujours suffisantes pour permettre l'agriculture pluviale non irriguée.

Le domaine concerné est d'ampleur considérable (29 % des terres émergées) même s'il ne coïncide pas avec toute la zone intertropicale. En effet, le désert du Sahara empiète largement sur la région puisqu'il atteint 15° de latitude N et, dans l'hémisphère austral, le désert péruvien se développe jusqu'à 5° S. En revanche, le monde tropical s'étend largement au nord des tropiques, sur l'Asie méridionale atteinte par les pluies de mousson. Son originalité n'est pas que climatique.

Le continent de Gondwana est l'ancêtre commun des continents tropicaux. Il a donné naissance aux immenses boucliers brésilien, africain, indien et australien qui sont émergés depuis plus de 80 millions d'années. Cette très longue évolution se traduit par la présence généralisée d'une énorme couverture détritique continentale. Comme la lithologie des socles précambriens est fondamentalement granito-gneissique, tout le matériel détritique continental, qui en est issu, est riche en quartz et pauvre en calcaire. Il est également riche en fer, lequel est oxydé, ce qui donne le rouge et l'ocre des roches et sols intertropicaux. Cet héritage est lourd de conséquences pour les sociétés humaines.

Nous avons déjà souligné (en troisième partie : la biosphère) l'extraordinaire richesse du monde végétal et animal de cet ensemble, mais aussi montré sa fragilité. L'action de l'homme a largement marqué le domaine. L'anthropisation est si importante qu'il n'existe quasiment plus de forêts « primaires ». Les savanes se sont étendues, l'érosion des sols a été accélérée, et les nappes phréatiques ont été fortement appauvries. Dans quelle mesure ce domaine réputé comme l'un des plus importants pour la biodiversité est-il encore naturel ?

1 Le climat et ses mécanismes

a – Les caractères du climat tropical

Dans le monde tropical, le rythme saisonnier est marqué par les précipitations et non par les températures. Les vents sont plus réguliers et moins violents (excepté le cas particulier des « cyclones ») que dans les autres domaines, ce qui renforce le facteur exposition. Situé pour plus des trois quarts entre les tropiques, cet ensemble bénéficie du plus fort impact radiatif, car le soleil est toujours proche du zénith : les rayons traversent la plus petite épaisseur d'atmosphère possible (l'albédo atmosphérique est minime).

Les *températures* moyennes varient peu au cours de l'année : de 20 °C à 24 °C en saison « froide » et de 24 °C à 30 °C en saison chaude. Les amplitudes thermiques sont faibles, mais plus fortes en domaine continental qu'en bordure des océans. Les plus fortes températures sont atteintes dans le tropical sec (absence de nuages) : les maxima sont considérables, les étés torrides. La nébulosité à l'équateur explique que l'équateur thermique soit situé au nord de l'équateur géographique. Si la latitude ne fait pas ou très peu varier les moyennes, c'est que l'effet de serre compense la perte de radiation. Notons que les précipitations font diminuer les températures de 1 °C à partir de 1 000 mm.

Le *photopériodisme* est remarquable par rapport au reste du globe : il y a égalité entre le jour et la nuit.

L'*humidité*, critère principal de la tropicalité, détermine trois régions dans ce vaste ensemble. L'indice xérothermique[1] de Gaussen les définit ainsi :

– *tropical humide* : indice aux alentours de 0 (ainsi Bornéo) ;

– *tropical « intermédiaire »* : indice < 100 (exemple : les bouches de l'Amazone) ;

– *tropical sec* : indice compris entre 100 et 180 (le Mozambique).

Le régime des précipitations est tout aussi important pour définir ces différentes ambiances.

Les *tropiques humides* (de part et d'autre de l'équateur sur environ 5° de latitude) connaissent une humidité constante, toujours au moins 85 % d'humidité relative. Les précipitations abondantes (de 2 000 à 3 000 mm/an) tombent tous les mois de l'année avec deux maximums, en mai-juin et septembre-octobre. C'est le climat équatorial qui règne sur l'Amazonie et l'Indonésie. Une variante existe en bordure de ce domaine : le climat subéquatorial, qui connaît un ou deux mois secs (Afrique centrale, Guyane).

Le *tropical intermédiaire* est un climat à pluviosité contrastée : il y a une saison sèche d'hiver et une saison pluvieuse d'été (Ouagadougou au Burkina Faso). C'est un climat paroxystique avec une saison sèche marquée par des températures extrêmes et une période de pluies diluviennes. Selon la durée de la saison sèche, les précipitations sont comprises entre 350 mm et 1 500 mm/an. Très répandu sur le globe, il offre une grande diversité :

– *tropical long* : la période pluvieuse excède largement la période sèche : 7 à 9 mois de précipitations (le plateau brésilien ou le plateau malgache) ;

– *tropical équilibré* : 6 mois de pluie et 6 mois secs (Afrique australe) ;

– *tropical sec* : la période sèche est plus longue que la période des pluies et dure de 7 à 9 mois. Très développé, on le trouve du Sénégal au Nil supérieur, sur les côtes mexicaines et au

1. Cet indice permet de calculer le nombre de jours où les précipitations ne profitent pas à la végétation.

Venezuela. Présent sur les côtes orientales des continents, il se caractérise par une grande irrégularité des pluies comme dans la corne de l'Afrique (Somalie) et dans le fameux Nordeste brésilien.

b – Le tropical humide de mousson

La signification du terme de mousson a varié dans le temps, mais il a toujours été associé à l'idée de précipitation et à celle de vent. C'est un mot arabe qui veut dire « saison » et qui désignait les vents soufflant sur la mer d'Oman, orientés d'ouest en est en été et à l'inverse en hiver. Cette circulation réglait le trafic maritime entre l'Afrique et l'Asie. Aujourd'hui, le mot mousson désigne les vents porteurs de pluies qui, en été, arrivent sur l'Asie du Sud et du Sud-Est, permettant l'agriculture dans des régions qui sont à la latitude du Sahara. Plus généralement, le mot mousson concerne toute la zone tropicale, désignant le vent dû à l'inversion de l'alizé. Ce dernier, en franchissant l'équateur, est dévié par la force de Coriolis et devient un vent d'ouest, alors que la zone intertropicale est dominée par les vents d'est. Toute masse d'air pluviogène équatoriale animée d'un vent d'ouest est ainsi désignée par le terme de mousson. Elle couvre un vaste domaine : les côtes occidentales de l'Inde et du Myanmar (Birmanie), le Bengale, la côte orientale de la péninsule indochinoise jusqu'aux Philippines. Le golfe de Guinée, Madagascar et le nord de l'Australie connaissent aussi la mousson, de même que certaines portions du littoral de l'Équateur (Amérique latine).

Le climat de mousson présente deux périodes aux contrastes exceptionnellement marqués et qui lui donnent toute son originalité : nous les décrirons pour le continent asiatique.

La *mousson d'hiver* se caractérise par des vents de nord-est chauds et secs en Inde, Indochine et aux Philippines. La mousson d'hiver en Chine est marquée par des vents violents et glacés en provenance de la Sibérie. Le printemps devient de plus en plus chaud et humide mais sans pluie, il annonce la mousson d'été.

La *mousson d'été* éclate en juin : c'est le « *burst of monsoon* » des Anglo-Saxons, un véritable déluge. Le calendrier en Asie est bien connu : elle débute fin mai à Ceylan, début juin à Bombay et

Calcutta et atteint l'Indus à la mi-juillet. L'obstacle que les premières pentes de l'Himalaya opposent à ces pluies explique les records de pluviosité atteint à Tcherrapoundji : plus de 11 mètres en moyenne !

c – Les perturbations ponctuelles du domaine tropical

ENCADRÉ N° 22

Le cyclone tropical

Cet accident météorologique majeur par l'ampleur des catastrophes qu'il peut engendrer porte des noms différents : typhon en Asie, Hurricane aux États-Unis, Willy Willis en Australie. Les météorologistes en distinguent trois catégories : dépression pour des vents < à 62 km/h, tempête tropicale pour des vents compris entre 63 et 117 km/h, cyclone tropical pour des vents > à 118 km/h.

Un cyclone est une dépression très marquée (avec un creux pouvant atteindre moins de 900 hPa), de forme circulaire, et dont le diamètre varie de 100 à 400 km. Cette masse d'air est en rotation rapide, les vents s'enroulant en spirale tout autour d'un centre, « l'œil » du cyclone, où la vitesse du vent est nulle et où il n'y a pas d'ascendance. L'énergie nécessaire au développement du système est fournie par la condensation de très forts volumes de vapeur d'eau, qui libèrent une quantité considérable de chaleur latente. Aussi ne peut-il se former qu'au-dessus d'un océan où la température de l'eau est supérieure à 26 °C. Il n'intéresse que la bordure littorale des continents car la rugosité de la terre le détruit.

Comme il s'agit d'un système tourbillonnaire, il ne peut se développer qu'à partir de 5° N ou S (la force de Coriolis est nulle à l'équateur). Ils correspondent à la zone des alizés. Ils sont surtout fréquents sur les côtes est des continents et n'intéressent que les océans les plus chauds : océan Indien, Atlantique nord au niveau des Caraïbes et Pacifique central. Ils surviennent dans la période la plus chaude (en été et en automne). Les vents sont très violents (jusqu'à plus de 200 km/h), les précipitations considérables (1 000 mm en 24 heures). Le cyclone se déplace à une vitesse de l'ordre de 25 à 50 km/h. Il engendre des situations catastrophiques : violence des vents dévastatrice, inondations déclenchant des mouvements de terrain, élévation du niveau de la mer avec des ondes de tempête.

d – Rappel des mécanismes

Les tropiques sont jalonnés par de hautes pressions, les AST (anticyclones subtropicaux, tels celui des Açores, d'Hawaï, etc.) (voir chapitre IV de la première partie). L'air s'enroule et tourne autour de ces hautes pressions dans le sens des aiguilles d'une montre dans l'hémisphère nord, en sens inverse dans l'hémisphère sud. C'est le vent d'est, nommé alizé. Lorsqu'il souffle des continents vers la mer, il est desséchant : c'est le cas de l'harmattan du Sahara. Inversement, soufflant de la mer vers le continent, comme aux Antilles, il est humide et frais.

Les alizés convergent à l'équateur, déterminant une vigoureuse ascendance d'air équatorial très humide. C'est une zone de basse pression (le fameux « pot au noir ») avec des vents d'ouest chargés d'humidité provenant de la mer. Cette masse d'air pluviogène très active se signale par d'énormes cumulus et cumulonimbus, dont certains atteignent la tropopause (soit une élévation de près de 16 km).

L'équateur météorologique (marqué par la rencontre entre les deux cellules de Hadley) se déplace selon le balancement saisonnier des masses d'air imposé par la dynamique des cellules de la troposphère. La cellule polaire australe générée par le froid de l'hiver antarctique s'étale loin vers le nord, bousculant la cellule de Hadley. L'équateur météorologique se situe alors vers 10° N. Le déplacement se fait en sens inverse lors de l'hiver boréal, mais la cellule polaire arctique (moins puissante) explique que l'équateur météorologique ne dépasse guère les 5° S. Cet ensemble est appelée la Zone Intertropicale de Convergence (ZIC). Lorsque celle-ci s'avance au-delà de l'équateur géographique, elle dessine en coupe verticale une oblique : de l'air équatorial à vent d'ouest passe sous les alizés à dominante d'est. C'est le FIT (Front Intertropical de Convergence). Cette structure varie beaucoup selon qu'elle est au-dessus des océans ou au-dessus des continents.

Lorsque la ZIC pénètre dans l'hémisphère boréal (durant l'été de ce dernier), l'alizé austral subit la déviation de Coriolis en franchissant l'équateur. Il se transforme en vent d'ouest : c'est le phénomène de mousson. On observe l'équivalent pour l'été austral. Mais comme l'avancée de la ZIC est moins puissante, on comprend que la mousson dans l'hémisphère sud concerne de moindres étendues que dans l'hémisphère boréal.

❷ Les paysages des tropiques

a – Les caractéristiques générales

La forte personnalité des paysages tropicaux est due à l'ancienneté du bâti géologique : le continent de Gondwana, fracturé il y a près de 160 millions d'années, en constitue l'essentiel.

Cette structure très rigide n'a connu que des gauchissements à grand rayon de courbure. Les surfaces horizontales s'imposent dans les paysages. Trois types structuraux sont reconnaissables :

– d'immenses étendues de roches cristallines tranchées par des surfaces d'érosion dominées de place en place par des inselbergs. Le bouclier africain est, quant à lui, entaillé par un profond rift jalonné de volcans ;

– de larges plaines et plateaux, occupant les couvertures sédimentaires. Les plateaux dominant les roches du socle par de majestueux escarpements (les pseudo-*cuestas* ou glint) dont les dimensions (plusieurs milliers de kilomètres) sont une singularité du milieu tropical. Les plateaux constitués de trapps sont découpés en gigantesques marches d'escaliers rythmant le paysage ;

– un paysage de montagne soulignant les bordures de ces socles, de façons très différentes : soit par des saillants d'une élévation de 1 000 à 2 000 m, bourrelets marginaux hachés de failles (les sierras brésiliennes, les Ghats indiennes), soit par les chaînes récentes liées à la tectonique des plaques (les Andes, les montagnes extrêmes orientales) marquées par un intense volcanisme. Le raccord avec le vieux socle se fait par de profonds bassins de subsidence (bassins du Paraguay et de l'Amazone, plaine Indo-Gangétique) où les dépôts sédimentaires récents sont d'une épaisseur considérable.

Sur ce vieux domaine, des héritages morphologiques (encadré n° 23) nombreux dominent les paysages : ce sont essentiellement les aplanissements d'érosion et les inselbergs qui les surmontent.

ENCADRÉ Nº 23

Les héritages de la zone tropicale

Ces vastes aplanissements impliquent une longue période de calme tectonique et une stabilité du niveau de base pour que les roches dures du socle aient été ainsi arasées. L'explication la plus communément admise aujourd'hui est celle d'une formation polygénique de ces grands aplanissements. Un temps d'altération chimique sous climat tropical humide prépare la roche en la désagrégeant, puis un temps d'enlèvement des débris lors d'une phase semi-aride favorise un écoulement en nappes dû à des précipitations brutales. C'est l'action érosive latérale du *sheet-flood*.
La plupart de ces surfaces sont emboîtées, l'explication des gradins séparant les surfaces n'est pas simple. L'explication polygénique est la plus satisfaisante : ces gradins auraient le plus souvent une origine tectonique et seraient donc des escarpements de faille, retouchés par l'érosion.
Les inselbergs ou pains de sucre sont des formes structurales, formées de noyaux de roches dures révélés par l'érosion. Leurs versants sont dégagés selon de grandes diaclases courbes, résultat d'une détente après l'énorme décharge de poids que représentent les anciennes planations. Leur conservation actuelle en milieu humide s'explique par la raideur des pentes qui empêchent les eaux de stagner.
Bien que les roches calcaires n'occupent que 10 % de la surface des régions tropicales, il existe des karsts emblématiques de ces régions : les karsts à tourelle de Java, de la baie d'Along. Les réseaux souterrains sont moins profonds qu'en zone tempérée mais leur développement latéral est considérable (Bornéo). Tous les auteurs s'accordent pour dire que tout comme pour les pseudos *cuestas* et les aplanissements étagés, ce sont des formes héritées.
Les montagnes tropicales qui dépassent les 3 000 mètres portent toutes des traces de glaciations des périodes froides quaternaires (dépôts morainiques et cirques glaciaires).

b – Les facteurs de la morphogénèse et les formes

La chaleur et l'humidité sont deux facteurs favorables à l'altération chimique, qui l'emporte de beaucoup sur l'érosion mécanique. Il faut nuancer ces caractères selon le degré d'humidité.

L'évacuation des débris est constante. Dans les tropiques humides, l'hydrolyse[1] est très poussée et quand la période

1. L'hydrolyse est l'ensemble des réactions chimiques qui libèrent, par destruction des réseaux cristallins, les éléments minéraux des roches.

sèche apparaît, les débris ne sont évacués que lors de la période des précipitations. Les roches de type granit sont les plus sensibles à cette attaque chimique : les bases sont évacuées ainsi qu'une partie de la silice. Lorsque le processus est poussé à son maximum, même les argiles alumineuses sont détruites et ne reste plus que la bauxite. Cette destruction des silicates est appelée la ferrallitisation. Une telle destruction produit des altérites sur des épaisseurs considérables : plusieurs dizaines de mètres, voire parfois une centaine de mètres. La roche en place affleure donc très rarement, et le modelé produit des formes très molles, croupes surbaissées à pente faible : c'est le paysage de « demi oranges » du Brésil et en réalité de toute la forêt humide. Seuls les « mornes », pitons rocheux isolés, dominent ce moutonnement de collines. Ils seraient hérités de climats plus secs.

Dans les tropiques « secs », l'altération biochimique est moins poussée et les altérites beaucoup moins épaisses. L'érosion mécanique est un peu plus active. Les minéraux les plus durs comme les quartzs ne sont pas ou peu attaqués. Les quartzites sont mis en valeur par l'érosion différentielle. La couverture végétale moins dense, de la savane ou de la forêt parc, permet certaines formes de météorisation (voir troisième partie). L'agent essentiel est alors la pluie, qui par sa violence joue un rôle érosif important (le splash et le ruissellement en nappe). Lors des tornades et des orages très violents, les quantités de pluie par heure sont considérables, toujours supérieures à 25 mm/h (seuil inférieur des pluies érosives). La période sèche favorise l'écoulement diffus. Lorsqu'il est concentré, cela provoque des formes de ravinement dans les matériaux meubles et des glissements en loupe (les lavakas malgaches creusés dans les argiles latéritiques).

Ce contraste saisonnier modifie profondément la pédogénèse, car elle favorise l'évaporation. Celle-ci entraîne l'accumulation des sesquioxydes de fer et l'induration des niveaux enrichis en fer. Ce processus est à l'origine de la formation de cuirasses très développées sur les plates-formes tropicales.

c – Les fleuves du domaine tropical

Les fleuves présentent quatre caractéristiques hydrologiques, qui les différencient des autres régions du monde :

– l'*abondance considérable des débits* : les six premiers fleuves du monde par l'abondance coulent dans le monde tropical. L'Amazone à lui seul déverse dans l'océan15 % des débits d'eau douce du monde.

– un *fort débit spécifique*[1] (plus de 15 l/s/km²) qui s'explique par l'abondance des pluies qui compensent les fortes températures, l'épaisseur du tapis végétal et l'humidité de l'air. Il y a cependant de très forts écarts entre les îles comme la Réunion où le débit est de 300 l/s/km² et les fleuves de régions, qui connaissent une longue saison sèche (le Zambèze n'a qu'un débit de 3 l/s/km²).

– le *régime des fleuves*, régi par celui des précipitations.

– les *crues*, dans l'ensemble très modérées compte tenu de l'énormité des débits.

L'érosion chimique étant la caractéristique fondamentale du monde tropical, les fleuves et rivières sont peu armés pour attaquer la roche : aussi leur incision verticale est-elle faible, le tracé des lits des cours d'eau passe de biefs à faible pente à des zones de rapides voire à des chutes spectaculaires. Ils suivent de très près la structure, ce qui donne un tracé en ligne brisée. Le tracé de l'Amazone ou du Gange fait exception car ces fleuves, localisés dans de vastes bassins subsidents, coulent sur une forte épaisseur d'alluvions, masquant la structure.

1. Le débit spécifique est le nombre de litres d'eau qui s'écoulent en moyenne chaque seconde par kilomètre carré de bassin.

❸ Le monde vivant : richesse et dangers du monde tropical

a – La flore du monde tropical

La végétation tropicale présente des traits communs (voir troisième partie). Elle est thermophile (adaptée à la chaleur), ne supportant ni le froid ni les trop grands écarts de température. Elle est aussi adaptée à un photopériodisme régulier (10 à 13 heures de jour).

Elle a connu une histoire climatique marquée par une certaine stabilité, les variations climatiques du Quaternaire ayant été très atténuées par rapport à celles des hautes latitudes. Aussi la complexité floristique est-elle la même qu'au tertiaire. Cette richesse floristique s'accompagne d'une biomasse élevée. Les variations de la flore sont fonction de la variation des précipitations et de la diversité des sols.

• Le monde de la forêt

La *forêt dense équatoriale* est une forêt stratifiée. Cette disposition traduit l'intensité de la lutte pour la lumière. Si le sol est très pauvre en herbacées, l'abondance de lianes et d'épiphytes rend la marche difficile et témoigne de la richesse floristique. L'humidité est permanente, aussi la forêt est-elle sempervirente (toujours verte), les arbres perdant leurs feuilles selon des rythmes différents en fonction des espèces.

La *forêt mésophile* peut supporter jusqu'à cinq mois secs. Elle se trouve dans les zones de mousson et comprend à la fois des espèces sempervirentes et caducifoliées.

La *forêt tropophile* supporte six à huit mois de sécheresse. Les arbres y sont nettement plus petits.

La *forêt xérophile* marque la limite du domaine tropical. Elle se situe dans les zones sahéliennes. Les arbres sont petits et montrent de nombreuses adaptations à la sécheresse.

La *forêt des domaines inondées* (les varzéas) et *la mangrove* se trouvent en domaine littoral.

- Le monde de la savane

Lorsque les précipitations deviennent insuffisantes ou les conditions édaphiques trop difficiles, l'arbre disparaît au bénéfice de la savane. C'est une formation dominée par une couverture de graminées pouvant atteindre deux mètres de haut qui disparaissent ou flétrissent durant la saison sèche, période des grands incendies (volontaires ou non). Les arbres sont souvent présents. Leur densité plus ou moins grande permet de distinguer différents types de savanes : la savane arborée, la savane parc, la savane arbustive.

L'origine de ce biome est un problème délicat. Certaines savanes semblent en équilibre avec le climat (précipitations comprises entre 500 et 1 000 mm) : c'est le cas des savanes australiennes. Mais on observe également la coexistence, sous le même climat, de forêt et de savane. L'explication édaphique apporte alors une solution satisfaisante : sur sols filtrants ou au contraire sur sols trop mouillés, la savane se développe en lieu et place de la forêt. La dimension anthropique est en de nombreux lieux incontestable, le rôle des feux de brousse volontaires dans la « savanisation » est connu depuis longtemps. La solution la plus communément admise actuellement est que la savane a une origine polygénique, relevant à la fois de facteurs « naturels » (climatiques, édaphiques) et anthropiques. L'action de l'homme s'exerçant sur l'existant a, en quelque sorte, développé et pérennisé les savanes.

b – La faune et les « complexes pathogènes »

La faune est très différente selon le milieu considéré.

Le monde de la forêt est peu favorable aux animaux de grande taille. Les arboricoles, tels les grands singes, les lémuriens et les chauve souris, sont nombreux. Chaque étage possède sa faune d'oiseaux, mais seul le niveau supérieur recèle les grands voiliers. On trouve aussi des reptiles (serpents) et de nombreux batraciens. Les prédateurs sont rares (jaguar). Les insectes et la faune microbienne connaissent un développement exceptionnel en rapport avec la chaleur et l'humidité permanente.

Dans les domaines de la savane, la faune est très importante, depuis les microorganismes et les termites jusqu'aux grands animaux. Ces derniers doivent s'adapter à la succession de périodes humides et sèches : le déplacement sur de longues distances à la recherche de l'eau ou de pâturages est la règle. Les herbivores sont nombreux : zèbres, gnous, gazelles, antilopes, buffles, girafes, éléphants. Ils sont suivis par les carnivores : lions, hyènes, guépards, etc.

Les conditions climatiques des tropiques (forte chaleur et humidité) sont particulièrement favorables à la vie de microbes responsables de graves maladies. Deux cas sont possibles : soit le microbe responsable, soit l'agent vecteur ne peuvent subsister que dans les conditions tropicales. Par exemple, la trypanosomiase humaine africaine, également connue sous le nom de maladie du sommeil, est une maladie parasitaire à transmission vectorielle. Le parasite est un protozoaire du genre trypanosome qui est transmis à l'homme par la piqûre d'une mouche tsé-tsé (du genre glossine). Les filarioses lymphatiques sont extrêmement répandues dans les régions intertropicales des cinq continents et représentent la parasitose humaine la plus fréquente, après le paludisme et les bilharzioses. Les bilharzioses (ou schistosomiases) sont des affections parasitaires dues à de petits vers du genre schistosoma qui infestent le système veineux. La dengue est une maladie tropicale aiguë fébrile dont le virus causal est transmis par des moustiques. Ces principales maladies (il en existe d'autres plus rares et plus sporadiques) touchent selon l'OMS un habitant de la planète sur six.

Conclusion

Le monde tropical est un monde de contrastes et de violences. Contrastes climatiques, des étés torrides et secs aux précipitations abondantes toutes l'année, originalité des cuirasses et violence des couleurs des sols ferralitiques. L'homogénéité très forte de ce vaste ensemble est due à un caractère unique au monde : son ancienneté géologique et la précoce émersion des continents.

Le monde tropical est fragilisé par l'action anthropique. L'ampleur des atteintes à l'environnement ne fait que croître. Ainsi, rien que pour la forêt amazonienne, les défrichements sont en constante augmentation (de 1975 à 2010, la superficie déboisée a été multipliée par 20). Ces défrichements fragilisent ce milieu réputé d'une grande richesse. Le monde des savanes n'est pas épargné et le surpâturage, les défrichements en bordure des fleuves et la densité accrue de la population se traduisent par une diminution de la litière, l'appauvrissement de la flore et de la faune (chasse illégale) et l'augmentation de la salinité des nappes. Partout, la dénudation provoque des reprises d'érosion et des concentrations de fer qui diminuent d'autant la fertilité des sols.

Bibliographie

Demangeot Jean, *Tropicalité, géographie physique intertropicale*, Paris, Armand Colin, 1999.

Gourou Pierre, *Terre de bonne espérance, le monde tropical*, Paris, Plon, 1982.

CONCLUSION

Le météorologue et chimiste Paul Crutzen a reçu le prix Nobel de chimie en 1995 pour ses travaux sur la chimie de l'atmosphère. Il a en particulier mis en évidence le rôle des oxydes d'azote dans la destruction de l'ozone atmosphérique. Convaincu de l'importance de l'action anthropique sur le climat, il s'est depuis attaché à rechercher des alternatives aux causes anthropiques du changement climatique. En 2002, il propose la création d'une nouvelle ère géologique : l'Anthopocène, qui débuterait en 1860 au moment où la révolution industrielle se développe largement. C'est vouloir inscrire dans l'échelle géologique l'homme comme acteur principal de l'évolution de l'épiderme terrestre. La réaction des géologues a été circonspecte, car étant habitués à des pas de temps longs de plusieurs millions d'années, une nouvelle ère commencée il y a à peine deux siècles leur semblait prématurée. Sur le temps long, ces modifications récentes ne pourraient-elles pas être gommées par l'érosion, par de nouveaux orogènes ?

Le géographe physicien considère depuis longtemps déjà l'homme comme un acteur géologique essentiel, et étudie le « milieu naturel » tel que les sociétés l'ont façonné. Ainsi la noosphère (de *noos*, « intelligence » en grec) est placée au cœur du système Terre [1].

Une des orientations récentes des travaux des géographes physiciens, en lien avec des chercheurs d'autres disciplines (glaciologues, climatologues, archéologues), est l'étude des paléo environnements du Quaternaire. Les enjeux sont importants car ces travaux permettent de faire la part entre les forçages d'origine climatique et ceux strictement anthropiques.

1. Voir Jean Demangeot (2006).

Les changements climatiques, liés à l'augmentation continue des émissions de gaz à effet de serre, à l'acidification croissante des océans et à la pollution des eaux marines (en dernier lieu par la nappe des débris liés au tsunami de Fukushima), les atteintes à la biodiversité sont incontestables et posent de sérieux problèmes à nos sociétés industrialisées.

Le poids des sociétés et leur impact sur la nature demeure, en dépit des rapides avancées de la « mondialisation », extrêmement inégaux. On observe même parfois que le recul de l'activité humaine se marque par des « reconquêtes végétales ». Les transformations des paysages, les modifications des enveloppes du globe terrestre ne se font ni au même pas ni avec la même intensité en tous lieux.

Il faut se méfier des discours « globalisants » et être très attentif dans l'analyse des différenciations géographiques de l'épiderme terrestre. C'est le rôle du géographe physicien que de mener cette analyse rigoureuse et méticuleuse, qui ne peut se faire que sur le terrain. Les modèles sont indispensables, les outils mathématiques aident à les réaliser et à conceptualiser les problèmes majeurs du système complexe qu'est la Terre, mais il faut à la fois les nourrir de données et ensuite en vérifier la validité. Pour cela le géographe doit être un arpenteur des terres et des mers, se montrant curieux tant des paysages que de ceux qui les habitent et les transforment. Aussi la géographie physique est-elle implantée au cœur de la géographie « science sociale ».

La géographie physique, c'est aussi un travail d'équipe et non de chercheurs isolés. Qu'il me soit permis de remercier ici toutes celles et tous ceux qui m'ont aidé par leurs conseils et leur relecture.

BIBLIOGRAPHIE GÉNÉRALE

AMAT Jean-Paul, DORIZE Lucien, LE CŒUR Charles, *Éléments de géographie physique*, Paris, Bréal, 2002.

ARCHAMBAULT Michel, LHENAFF René, VANNEY Jean-René, *Documents et méthode pour le commentaire de cartes (géographie et géologie)*, deux fascicules, Paris, Masson, 1967.

BEROUTCHACHVILI Nicolas, ROUGERIE Gabriel, *Géosystèmes et paysages, bilans et méthodes*, Paris, Armand Colin, 1991.

BIROT Pierre, *Formations végétales du globe*, Paris, Sedes, 1965.

—, *Les Processus d'érosion à la surface des continents*, Paris, Masson, 1981.

BENCHETRIT Maurice, CABOT Jean, DURAND-DASTÈS François, *Géographie zonale des régions chaudes*, Fernand Nathan, Paris, 1971.

BRAVARD Jean-Paul, PETIT François, *Les Cours d'eau, dynamique du système fluvial*, Paris, Armand Colin, 2000.

CHARDON Michel, *Montagnes et milieux montagnards. Géographie physique des montagnes*, IGA Grenoble, 1990.

COQUE Roger, *Géomorphologie*, Paris, Armand Colin, « U », 2002.

COSANDEY Claude, ROBINSON Mike, *Hydrologie continentale*, Paris, Armand Colin, 2000.

DAVEAU Suzanne, RIBEIRO Orlando, *La Zone intertropicale humide*, Paris, Armand Colin, 1973.

DEMANGEOT Jean, *Tropicalité. Géographie physique intertropicale*, Paris, Armand Colin, 1999.

—, *Les Milieux « naturels » du globe*, 4e éd., Paris, Armand Colin, 2006.

DERRUAU Max, *Précis de géomorphologie*, Paris, Masson et Cie, 1988.

DUCHAUFOUR Philipe, *Pédologie*, Paris, Masson, 1997.

DRESCH Jean, *Géographie des régions arides*, Paris, Puf, 1982.

ELHAÏ Henri, *Biogéographie*, Paris, Armand Colin, 1978.

Encyclopædia Universalis, mise au point très utile sur de nombreux articles traitant de la géographie physique.

ESTIENNE Pierre, GODARD Alain, *Climatologie*, Paris, Armand Colin, « U », 1970.

FOUCAULT Alain, RAOULT Jean-François, *Dictionnaire de géologie*, Paris, Masson, 1995.

FRANCOU Bernard, *Hautes montagnes*, Paris, Masson, 1993.

GEORGES Pierre, VERGER Fernand (dir.), *Dictionnaire de la géographie*, 10e édition mise à jour, Paris, Puf, 2009.

GEISTDOERFER Patrick, *La Mer et les Océans*, Paris, Ellipses, 2005.

GUILCHER André, *Morphologie littorale et sous-marine*, Paris, Puf, 1954.
—, *Précis d'hydrologie marine et continentale*, Paris, Masson, 1965.

GLÉMAREC Michel, *Qu'est-ce que la biologie marine ?*, Paris, Vuibert, « Inflexions », 2007.

GODARD Alain, *Pays et paysages du granite*, Paris, Puf, 1977.

GODARD Alain, TABEAUD Martine, *Les Climats. Mécanismes et répartition*, Paris, Armand Colin, 1993.

GODARD Alain, ANDRÉ Marie-Françoise, *Les Milieux polaires*, Paris, Armand Colin, 1999.

GOUROU Pierre, *Terre de bonne espérance, le monde tropical*, Paris, Plon, 1982.

JOURNAUX André, DEFFONTAINES Pierre, JEAN-BRUNHES DELAMARRE Mariel, *Géographie générale*, Paris, Gallimard, « Bibliothèque de la Pléiade », 1966.

LACOSTE Alain, SALAMON Robert, *Éléments de biogéographie et d'écologie*, Paris, Armand Colin, 2010.

LORIUS Claude, GENDRIN Roger, *L'Antarctique : un exposé pour comprendre, un essai pour réfléchir*, Paris, Flammarion, 1997.

LOUCHET André, *La Planète océane, précis de géographie maritime*, Paris, Armand Colin, 2009.

MAINGUET Michel, *Les Déserts*, Paris, Pocket-Cité des sciences, « Explora », 1995.

MATHIEU Clément, *Les Principaux Sols du monde*, Paris, Lavoisier, 2009.

MERLE Jacques, *L'océan gouverne-t-il le climat ?*, Marseille, IRD, 2009.

MINSTER Jean-François, *La Machine océan*, Paris, Flammarion, 1999.

MIOSSEC Alain, *Les Littoraux entre nature et aménagement*, Paris, Sedes, 1998.

PASKOFF Roland, *Les Littoraux, impact des aménagements sur leur évolution*, Paris, Masson, 1994.

PECH Pierre, *Géomorphologie structurale*, Paris, Armand Colin, 1999.

PECH Pierre, REGNAULD Hervé, *Géographie physique*, Paris, Puf, 1992.

PÉDELABORDE Pierre, *Les Moussons*, Paris, Armand Colin, 1958.

—, *Introduction à l'étude scientifique du climat*, Paris, Sedes, 1991.

PEULVAST Jean-Pierre, VANNEY Jean-René, *Géomorphologie structurale. Terre, corps planétaires solides*, t. I et II, Paris, Gordon and Breach, « Geosciences », 2001.

PÉRÈS Jean-Marie, *La Vie dans l'Océan*, Paris, Seuil, 1966.

PLANHOL Xavier de, ROGNON Philippe, *Les Zones tropicales arides et subtropicales*, Paris, Armand Colin, « U », 1970.

POMEROL Charles, RENARD Maurice, *Éléments de géologie*, Paris, Armand Colin, 1995.

REMY Frédérique, *L'Antarctique : la mémoire de la Terre vue de l'espace*, Paris, CNRS Éditions, 2003.

ROUGERIE Gabriel, *Géographie des paysages*, Paris, Puf, « Que sais-je ? », 1977.

—, *Géographie de la biosphère*, Paris, Armand Colin, 1988.

—, *Les Montagnes de la biosphère*, Paris, Armand Colin, 1989.

SALOMON Jean-Noël, *Géomorphologie sous-marine et littorale*, Pessac, Presses Universitaires de Bordeaux, « Scieteren », 2008.

TOUCHART Laurent, *Limnologie physique et dynamique, une géographie des lacs et des étangs*, Paris, L'Harmattan, 2002.

—, *Hydrologie, mers, fleuves et lacs*, Paris, Armand Colin, 2003.

TRICART Jean, *Géomorphologie des régions froides*, Paris, Puf, 1963.

—, CAILLEUX André, « Le modelé des régions sèches », *Traité de géomorphologie*, t. IV, Paris, Sedes, 1969.

TROMPETTE Rolland, *La Terre, une planète singulière*, Paris, Belin, « Bibliothèque scientifique », 2005.

VALADAS Bernard, *Géomorphologie dynamique*, Paris, Armand Colin, 2005.

VANNEY Jean-René, *Géographie de l'océan Global*, Paris, Éditions Scientifiques GB, 2002.

VERGER Fernand, *Marais et estuaires du littoral français*, Paris, Belin, 2005.

—, *Zones humides du littoral français*, Paris, Belin, 2009.

VEYRET Yvette *et al.*, *L'Homme et l'Érosion*, Paris, Sedes, 1997.

—, *Les Montagnes. Discours et enjeux géographiques*, Paris, Sedes, « DIEM », 2001.

—, VIGNEAU Jean-Pierre (dir.), *Géographie physique. Milieux et environnement dans le système Terre*, Paris, Armand Colin, 2002.

VIERS Georges, *Éléments de géomorphologie*, Paris, Nathan, 1967.

—, *Géographie zonale des régions froides et tempérées*, Paris, Fernand Nathan, 1970.

VIGNEAU Jean-Pierre, *Géoclimatologie*, Paris, Ellipses, 2000.

GLOSSAIRE

Albédo
Fraction du rayonnement solaire réfléchie par la couverture nuageuse vers l'espace (albédo atmosphérique) et par les surfaces terrestres (sol, eau des lacs ou des mers, etc.).

Anticyclone
Masse atmosphérique de grande dimension dont la pression est supérieure à la normale (1 015 hPa). L'air y est subsident.

Atmosphère
Enveloppe gazeuse (de 800 à 1 000 km d'épaisseur) qui entoure la Terre. L'air est le mélange de gaz qui compose l'atmosphère (azote, dioxygène, argon, dioxyde de carbone et traces de gaz rares). La vapeur d'eau et les oxydes d'azote sont en quantité variable selon les lieux et l'altitude.

Bassin sédimentaire
C'est une unité morphostructurale correspondant à des portions de plate-forme recouvertes par des sédiments déposés durant de longues périodes géologiques.

Biome
C'est l'unité biogéographique que constituent une formation végétale et le monde animal qui lui correspond (la forêt par exemple).

Biosphère
La biosphère est un système dynamique formé par l'ensemble des écosystèmes du globe. Elle comprend donc l'ensemble des êtres vivants qui peuplent notre planète.

Bouclier
Unité morphostructurale d'échelle continentale ayant subi de nombreux orogènes durant le Précambrien ; tous ont été arasés. Fortement granitisé et métamorphisé, c'est un ensemble rigide et stable (ex. le bouclier canadien).

Centre d'action de l'atmosphère
Anticyclone et dépression stables autour desquels s'organise la circulation atmosphérique.

Circulation thermohaline
C'est la circulation océanique mondiale profonde, due aux variations de température et de salinité. Les eaux froides et denses plongent en profondeur (les sources froides des eaux polaires) puis se réchauffent et réapparaissent en surface, formant un tapis roulant continu. La vitesse de déplacement est très lente (du mètre à une dizaine de mètre/heure).

Climat
Le climat est la série des états de l'atmosphère au-dessus d'un lieu dans leur succession habituelle. On parle d'ambiance climatique pour définir les divers états de l'atmosphère dans laquelle baignent les êtres vivants en un lieu donné.

Convergence Intertropicale (CIT)
Zone de convergence des alizés provenant des deux hémisphères. Créant une très forte ascendance, c'est une zone de basse pression.

Cycle de l'eau
L'eau est le seul corps présent sur Terre sous ses trois états : solide, liquide et gazeux. Le passage de l'un à l'autre constitue le cycle de l'eau, qui nécessite beaucoup d'énergie, fournie par le soleil.

Dépression
Individu atmosphérique de grande taille dont la pression est inférieure à la normale (1 015 hPa). Le terme de cyclone est réservé aux très violentes perturbations tropicales.

Discontinuité tempérée
Désigne le contact entre l'air polaire et l'air tropical. L'activité y est très irrégulière, c'est le lieu de formation des systèmes perturbés (le cyclone norvégien).

Dorsale (appelé parfois ride médio-océanique)
Relief sous-marin complexe, c'est la plus grande chaîne de montagnes du monde : plus de 60 000 km de long pour 1 500 à 2 000 km de large. Accident majeur de l'écorce terrestre, lieu de formation de la croûte océanique, elle présente souvent un fossé tectonique en son milieu : le rift.

Échelle

Une échelle est le rapport entre la mesure d'un objet réel et la mesure de sa représentation (en cartographie notamment).

Érosion

Ensemble de processus mécaniques, physico-chimiques et biologiques altérant les roches, transportant leurs débris et les accumulant. L'érosion différentielle met en valeur la différence de dureté des roches.

Géosystème

Entité fonctionnelle caractérisée par une homogénéité géomorphologique et bioclimatique traduisant une même dynamique naturelle plus ou moins « anthropisée ».

Hydrosphère

Enveloppe liquide discontinue qui entoure la Terre, comprenant l'ensemble des eaux marines, continentales et atmosphériques.

Marée

Oscillation périodique du niveau de la mer, qui se décompose en un mouvement vertical ascendant suivi d'une étale de pleine mer, puis un mouvement vertical descendant suivi d'une étale de basse mer. Ce mouvement se produit deux fois par jour (marée semi diurne), ou une seule fois (marée diurne). La marée est provoquée par l'attraction de la lune et du soleil. La proximité de la lune avec la Terre explique que son influence est en moyenne 2,2 fois celle du soleil.

Marge passive et marge active

Une marge passive est un domaine de transition entre continent et océan dépourvu de manifestation actuelle d'activité sismique ou volcanique, par opposition à la marge active où il y a subduction entre la croûte océanique et la croûte continentale.

Masse d'air

Volume d'air d'échelle régionale caractérisé par une homogénéité thermique, hydrique et de pression. Il y en a deux grands types : air polaire et air tropical.

Massif ancien

Ensemble morphostructural développé sur des structures anciennes datant de l'ère Primaire (plissement calédonien et hercynien arasé). Les roches granitiques et cristallines dominent. Le massif est rigide et stable (à l'exemple du Massif armoricain).

Modelé
Résultat du travail de l'érosion sur le bâti structural. On parle de modelé karstique, de modelé glaciaire, de modelé éolien, etc.

Mousson
La mousson est l'alizé qui franchit l'équateur et voit donc sa direction normale d'est devenir d'ouest. Le phénomène existe dans toute la zone tropicale, mais est plus développé dans la partie boréale. Climat très développé en Asie, il est caractérisé par des vents secs de N-E en hiver et de S-O en été, déclenchant des pluies diluviennes.

Niveau de base
Niveau d'aboutissement d'un cours d'eau à partir duquel l'érosion linéaire de ce cours d'eau établit le profil d'équilibre par érosion régressive. Pour un fleuve, c'est l'océan, niveau de base général. Ce niveau a varié au cours des temps géologiques.

Orogénèse
Processus provoquant la formation de relief, plus particulièrement des montagnes.

Pédogénèse
Ensemble des processus physiques, chimiques et biologiques qui permettent l'élaboration des sols.

Pénéplaine
Plaine quasiment sans relief, où la différence d'altitude entre interfluve et vallée est très faible. Elle est le résultat d'une longue évolution. À l'origine, le concept est lié à la notion d'érosion normale de Davis ; abandonné depuis, le terme est devenu descriptif.

Photosynthèse
Fabrication de substances organiques carbonées par les végétaux, à partir d'eau, de gaz carbonique et de sels divers, avec rejet de l'oxygène grâce à l'énergie lumineuse.

Plaine
Surface continentale plus ou moins plane où les cours d'eau coulent sans s'encaisser.

Plateau
Surface continentale plus ou moins plane où les rivières s'encaissent.

Pression atmosphérique

La pression atmosphérique correspond au poids exercé par une colonne d'air sur une surface donnée. L'unité de mesure en est l'hectopascal (hPa). La pression moyenne au niveau de la mer est de 1 015 hPa.

Sédiment

Dépôt issu des débris des roches endogènes. Il se fait en milieu marin, lacustre ou continental. Ce peut être aussi le produit de la précipitation d'éléments dissous dans les eaux ou de constructions biologiques (les coraux). Donne les roches sédimentaires par diagénèse.

Sol

Formation de surface composée d'éléments minéraux et organiques provenant de la transformation de la roche mère. C'est un milieu vivant.

Tectonique

Mot venant du grec (architecture) et désignant l'ensemble des déformations ayant affecté ou affectant des terrains géologiques postérieurement à leur formation.

Thermocline

Couche marquée par un fort gradient de températures et de densité entre les eaux océaniques de surface en contact avec l'atmosphère et les eaux profondes. Elle fait office de barrière hydrologique empêchant les échanges entre eaux de surface et eaux de fond.

Trapp

Empilement de coulées de lave très fluides issues d'un volcanisme fissural. Elles peuvent atteindre des épaisseurs considérables (le millier de mètres) et recouvrir de très vastes surfaces (ainsi au Dekkan). L'érosion les découpe en gigantesques marches.

LISTE DES ENCADRÉS

LISTE DES CROQUIS

INDEX

Dans la même collection

Droit

Introduction générale au droit. Droit des personnes. Méthodologie juridique, Muriel Fabre-Magnan
Déontologie des juristes, Didier Truchet, Joël Moret-Bailly
Droit administratif, Antoine Louvaris
Les Institutions administratives, Bertrand Faure
Droit institutionnel de l'Union européenne, Marie Gautier
Droit constitutionnel français, Vlad Constantinesco et Stéphane Pierré-Caps
Droits constitutionnels étrangers, Stéphane Pierré-Caps
Droits et libertés fondamentaux, Xavier Dupré de Boulois
Droit fiscal, Alexandre Maitrot de la Motte
Droit de la famille, Anne-Marie Leroyer

Économie

Introduction à l'algèbre linéaire, Ozgür Gün et Sophie Jallais
Introduction à l'économétrie, Grégory Denglos
Introduction à la macroéconomie, Goulven Rubin
Microéconomie. La concurrence parfaite, Muriel Pucci et Julie Valentin
Monnaie, banques, finance, Jézabel Couppey-Soubeyran
Statistiques et probabilités appliquées, Grégory Denglos

Géographie

Aléas naturels et gestion des risques, Frédéric Leone, Nancy Meschinet de Richemond et Freddy Vinet
Géographie des peuplements et des populations. L'homme sur la terre, Jean-Marc Zaninetti
Les Littoraux : enjeux et dynamiques, Mongi Bourgou et Jean-Marie Miossec
Le Continent européen, Clarisse Didelon, Yann Richard, Gilles Van Hamme

Histoire

La République romaine, Christophe Badel
Les Empereurs romains, Pierre Cosme
L'Europe des « patriotes » des années 1770 à la Révolution française, Philippe Bourdin
La Révolution française et l'Empire, Hervé Leuwers
L'Époque de Bonaparte, Jacques-Olivier Boudon
La France au XIXe siècle, Claire Fredj
Colonisation et décolonisation (XVIe-XXe siècle), Bernard Phan
L'Âge des dictatures (1919-1945), Johann Chapoutot
L'Hégémonie soviétique, Yvan Leclère
Histoire de la construction de l'Europe, Sylvain Kahn

Langues

Histoire de la littérature anglaise, Frédéric Regard

Le Commentaire littéraire anglais. Close readings, Robin WILKINSON
Histoire de la littérature américaine, Marc AMFREVILLE, Antoine CAZÉ et Claire FABRE
Le Roman américain, Jean-Yves PELLEGRIN, Ronan LUDOT-VLASAK
Glossaire de civilisation américaine, Jean-Christian VINEL
Littérature espagnole contemporaine, Philippe MERLO-MORAT
Civilisation espagnole contemporaine (1868-2010), Marie-Claude CHAPUT, Julio PEREZ SERRANO
Littérature hispano-américaine postcoloniale (du XIXe siècle à nos jours), Carla FERNANDES
Thème espagnol moderne (du XIXe siècle à nos jours), Christine LAVAIL
Version espagnole classique, Christophe COUDERC
Version espagnole moderne (du XIXe siècle à nos jours), Elvire DIAZ et Marie-Angèle OROBON

Lettres

La Culture littéraire, Alain VIALA
Le Roman jusqu'à la Révolution française, Jean-Paul SERMAIN
Le Roman depuis la Révolution française, Bruno BLANCKEMAN
Histoire de la poésie (du XVIe au XVIIIe siècle), Marie-Madeleine FRAGONARD et Claudine NÉDELEC
La Mise en scène théâtrale de 1800 à nos jours, Bénédicte BOISSON, Alice FOLCO, Ariane MARTINEZ
Littératures du Moyen Âge, Nelly LABÈRE
La Littérature des Lumières, Franck SALAÜN
Lire les romantiques français, Bruno VIARD
Les Littératures francophones. Questions, débats, polémiques, Dominique COMBE

Philosophie

Introduction à l'éthique, Jean-Cassien BILLIER
Philosophie antique, Jean-François PRADEAU (dir.)
Philosophie contemporaine, Roger POUIVET
Philosophie de l'art, Fabienne BRUGÈRE et Julia PEKER
Philosophie politique (XIXe-XXe siècles), Guillaume SIBERTIN-BLANC
Philosophie des sciences, Pascal NOUVEL

Psychologie

Psychologie clinique et psychopathologie, Catherine CHABERT et Benoît VERDON
Psychologie cognitive expérimentale, Arnaud REY
Psychologie différentielle, Todd LUBART, Xavier CAROFF, Christophe MOUCHIROUD, Maria PEREIRA FRADIN, Franck ZENASNI
Psychologie du développement cognitif, Olivier HOUDÉ et Gaëlle LEROUX
Psychologie sociale, Ewa DROZDA-SENKOWSKA, Nicole DUBOIS et Patrick MOLLARET

Sociologie

Les Courants contemporains de la sociologie, Céline BÉRAUD et Baptiste COULMONT

Démographie sociale de la France (XIXe-XXIe siècle), Virginie DE LUCA BARRUSSE
La Pratique de la sociologie, Serge PAUGAM
Le Raisonnement statistique en sociologie, Marion SELZ et Florence MAILLOCHON
Sociologie de la déviance, Albert OGIEN
Sociologie du système éducatif. Les inégalités scolaires, Marie DURU-BELLAT et Agnès VAN ZANTEN (dir.)
Les Grandes Questions sur la ville et l'urbain, Jean-Marc STÉBÉ, Hervé MARCHAL

Toutes disciplines
Culture générale, Éric COBAST
Méthodologies. Comprendre. Apprendre. Réussir, Johann CHAPOUTOT et Geoffroy LAUVAU (dir.)

Cet ouvrage a été composé
par IGS-CP à L'Isle-d'Espagnac (16)

Achevé d'imprimer sur rotative Prosper
en juin 2012
par l'imprimerie SAGIM
225/231 rue de la Garenne
92000 Nanterre
N° d'impression : 12909

L'imprimerie Sagim est titulaire de la marque
Imprim'vert® depuis 2004

Ouvrage imprimé
sur papier écologique à base de pâte FSC.
Pour plus d'informations, www.fsc.org